配网不停电作业
技术发展与四管四控

河南启功建设有限公司｜组　编

李保军　马金超｜主　编

龙凯　刘国礼　陈德俊｜副主编

中国电力出版社
CHINA ELECTRIC POWER PRESS

内 容 提 要

本书依据相关国家标准和国家电网有限公司企业标准及规定，针对配网不停电作业技术发展、"四管"（管人员、管装备、管项目、管方案）和"四控"（控安全、控环节、控流程、控执行）工作编写而成。本书共 5 章，主要内容包括配网不停电作业技术发展、作业人员安全管控（管人员控安全）、作业装备环节管控（管装备控环节）、作业项目流程管控（管项目控流程）、作业方案执行管控（管方案控执行）。

本书可作为配网不停电作业人员岗位培训和作业用书，可供从事配网不停电作业的相关人员学习参考，还可作为职业技术培训院校师生在不停电作业方面的培训教材与学习参考资料。

图书在版编目（CIP）数据

配网不停电作业技术发展与四管四控/河南启功建设有限公司组编；李保军，马金超主编 . —北京：中国电力出版社，2024.4
ISBN 978-7-5198-8729-2

Ⅰ.①配… Ⅱ.①河…②李…③马… Ⅲ.①配电系统—带电作业 Ⅳ.①TM727

中国国家版本馆 CIP 数据核字（2024）第 048107 号

出版发行：中国电力出版社
地　　址：北京市东城区北京站西街 19 号（邮政编码 100005）
网　　址：http：//www.cepp.sgcc.com.cn
责任编辑：周秋慧
责任校对：黄　蓓　郝军燕
装帧设计：赵丽媛
责任印制：石　雷

印　　刷：三河市百盛印装有限公司
版　　次：2024 年 4 月第一版
印　　次：2024 年 4 月北京第一次印刷
开　　本：710 毫米×1000 毫米　特 16 开本
印　　张：13.25
字　　数：243 千字
印　　数：0001—1000 册
定　　价：68.00 元

编　委　会

　　《鞍山电业局志·第一卷》记载：带电作业技术是在不间断对用户供电的情况下进行有电设备的检修、维护、测试的技术，体现了"人民电业为人民"的服务宗旨以及带电作业应以实现用户不停电为目的。2012年配网不停电作业概念的提出，加快了中国配网检修作业方式跨越式的转变，以不中断用户供电为目的，带电作业、旁路作业、发电作业、合环操作等技术的成功开展与广泛应用为中国式带电作业注入了新的理念和新的活力，配网不停电作业已经成为提高供电可靠性重要的手段之一。本书依据相关国家标准和国家电网有限公司企业标准及规定，针对配网不停电作业技术发展、"四管"（管人员、管装备、管项目、管方案）和"四控"（控安全、控环节、控流程、控执行）工作编写而成。

　　本书共5章，主要内容包括配网不停电作业技术发展、作业人员安全管控（管人员控安全）、作业装备环节管控（管装备控环节）、作业项目流程管控（管项目控流程）、作业方案执行管控（管方案控执行）。

　　本书由河南启功建设有限公司组织编写，河南启功建设有限公司李保军、广东立胜电力技术有限公司马金超担任主编，云南电网有限责任公司玉溪供电局龙凯、广东立胜电力技术有限公司刘国礼、郑州电力高等专科学校（国网河南技培中心）陈德俊担任副主编。参编人员有国网河南省电力公司巩义市供电公司任辉，国网江西省电力有限公司邓杰，国网江西宜春供电公司刘春明、陈保华、王欢、袁舵号、袁康林、张国庆、袁绍清、李富胜、肖强、易建民，国网江西南昌供电公司刘子祎、喻维超、刘骁，国网江西九江供电公司钟亮，国网江西抚州供电公司胡志鹏、毕志磊、黎琦，国网江西景德镇供电公司孟德智、余敏、吴菁、何庭英、刘宇、吴少苗、陈金颖、蔡佳彬、雒朝芳，郑州电力高等专科学校（国网河南技培中心）高俊岭，国网河南省电力公司济源供电公司吴三钢，国网河南省电力公司灵宝县供电公司卢飞强，国网河南省电力公司洛阳供电公司薛雨，国网河南省电力公司原阳县供电公司高斌，国网河南省电力公司遂平县供电公司刘鑫聪，国网湖南省电力有限公司技术技能培训中心汤文，广东立胜电力技术有限公司田壮、李志鹏、袁国泰，郑州电力高等专科学校（国网河南技培中心）尹季显、国网浙江省电力有限公司杭州供电公司焦建立、陈胜科，河南启功建设有限公司张宏伟、张亮亮、于振川、李业增、董华军、王龙雨，河南宏驰电力技术有限公司张磊。全书插图由陈德俊主持开发，河南启功建设有限公司提供不停电作业技术应用支持，泰州市国杰电力工具有限公司、河南宏驰电力技术有限公司提供不停电作业工具装备支持。

由于编者水平有限，书中存在不足之处，恳请读者批评指正。

编　者

2023 年 11 月

目 录

1 配网不停电作业技术发展

1.1 带电作业"能带不停"技术

1.1.1 "能带不停"带电作业技术的形成

中国的"能带不停"带电作业技术，兴起于 20 世纪 50 年代初期的鞍山。根据《中国电力工业史 · 辽宁卷》记载：带电作业技术是鞍山电业局（现辽宁省电力有限公司鞍山供电公司）最早提出并首先应用于生产中的。

当年鞍山电业局全体职工怀着为厂矿和人民多供电、少停电甚至是不停电的情感（即以客户为中心，尽一切可能减少用户停电时间），在"人民电业为人民"的初心和使命感召下，在勇于探索、敢为人先的革新精神鼓舞下，为解决线路检修而用户又不能停电的矛盾，以及经济建设和人民生活对用电的需求，特别是鞍山钢铁厂（现鞍山钢铁集团有限公司）建设对连续可靠供电的需求，开始了不停电检修的尝试工作，并创造性地掌握了不停电检修的方法。这种方法不仅运用在简单的配电作业项目上，而且发展到输电和变电工作上，实现了输、配、变不停电检修。

根据《鞍山电业局志 · 第一卷》记载：带电作业是在不间断对用户供电的情况下，进行有电设备的检修、维护和测试工作的专门技术。这是老一代带电作业专家们对带电作业技术的一个诠释，体现了"人民电业为人民"的服务宗旨，带电作业应以实现用户的不停电为目的。

随着发展，中国的带电作业技术日臻成熟，已经成为不停电检修、安装、改造及测试不可缺少的重要手段：①高压（110、220kV）、超高压（330、500、750kV）交流输电线路带电作业常态化开展；②超高压（±400、±500kV、±660kV）直流输电线路带电作业常态化开展；③特高压（1000kV）交流输电线路带电作业和特高压（±800kV、±1100kV）直流输电线路带电作业常态化开展；④变电站电气设备带电作业，如带电断接引线、带电水冲洗等作业项目常态化开展；⑤直升机带电作业和机器人带电作业推广应用；⑥35kV 线路和 20kV 线路带电作业积极开展；⑦10kV 和 0.4kV 配网不停电作业有序开展。

依据 GB/T 2900.55—2016《电工术语 带电作业》以及 IEC 60050-651：2014《国际电工词汇 第 651 部分：带电作业》的定义，带电作业是指工作人员接触带电部分的作业，或工作人员身体的任一部分或使用的工具、装置、设备进入带电作业区域的作业。其中，工作人员接触带电部分的作业，称为直接作业法，包括输电线路带电作业采用的等电位作业法和配电线路带电作业采用的绝缘手套作业法；工作人员身体的任一部分或使用的工具、装置、设备进入带电作业区域的作业称为间接作业法，包括输电线路带电作业采用的地电位作业法、中间作业法和配电线路带电作业采用的绝缘杆作业法。

带电作业区域指的是带电部分周围的空间，通过以下措施来降低电气风险：①仅限熟练的工作人员进入，即从事带电作业工作的人员（包括工作票签发人、工作负责人、专责监护人及工作班成员）必须持带电作业资格证书上岗；②在不同电位下保持适当的空气间距，是指从带电部分到带电区域的外边界，即带电作业安全距离（空气间隙），通常情况下，安全距离不小于在最大额定电压下的电气间距和人机操纵距离之和；③带电作业工具及带电作业区域和特殊的防范措施，通过行业或企业的规程（行业、企业及国家等制定的一些制度标准，包括安规、规范、导则等）来确定。

实践和试验证明：在带电作业区域内工作，电对人体产生的电流、静电感应、强电场和电弧的伤害，将直接危及作业人员的人身安全。具体如下：

（1）电流的伤害，是指人体串入电路产生的单相（接地）触电和相间（短路）触电的伤害。其中，单相（接地）触电是指人体接触到地面或其他接地导体的同时，人体另一部位触及某一相带电体所引起的电击；相间（短路）触电是指人体的两个部位同时触及两相带电体所引起的电击，相间短路时人体所承受的电压为线电压，这种危险性更大。

（2）强电场的伤害，是指人在带电体附近工作时，尽管人体没有接触带电体，但人体仍然会由于空间电场的静电感应而对风吹、针刺等产生的不舒适之感，以及静电感应产生的暂态电击的伤害。

（3）电弧的伤害，是指人体与带电体或接地体之间的空气间隙击穿放电对人体造成的伤害。

为了安全地开展带电作业工作，确保带电作业人员不致受到触电伤害的危险，并且在作业中没有任何不舒服之感，对进入带电作业区域的人员必须提供安全可靠的安全防护措施。

对进入带电作业区域的人员提供安全可靠的作业环境和防护措施，是安全开展带电作业必须满足的先决条件。

1.1.2 "能带不停"地电位作业法、中间电位作业法和等电位作业法的形成

1991年，DL 408—1991《电业安全工作规程（发电厂和变电所电气部分）》、DL 409—1991《电业安全工作规程（电力线路部分）》发布，明确中国的带电作业方式分为地电位作业、中间电位作业和等电位作业三种，示意图如图1-1所示，其适用于在海拔1000m及以下交流10～500kV的高压架空电

力线路和变电所（发电厂）电气设备的带电作业，以及低压带电作业。

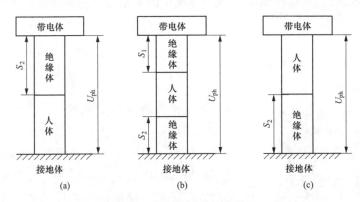

图 1-1 带电作业方式示意图

（a）地电位作业；（b）中间电位作业；（c）等电位作业

U_{ph}—额定相电压；S_1—人体与带电体之间的安全距离；S_2—人体与接地体之间的安全距离

依据 DL/T 966—2005《送电线路带电作业技术导则》3.1、3.2、3.3 的定义，有：

1. 地电位作业

地电位作业是指作业人员在接地构件上采用绝缘工具对带电体开展的作业，作业人员的人体电位为地电位。地电位作业现场图如图 1-2 所示，作业时人体必须与带电体保持规定的最小安全距离，人与带电体的关系为带电体→绝缘体→人体→接地体。

2. 中间电位作业

中间电位作业是指作业人员对接地构件绝缘并与带电体保持一定的距离对带电体开展的作业，作业人员的人体电位为悬浮的中间电位。

中间电位作业现场图如图 1-3 所示，作业时人体处于接地体和带电体之间的某一悬浮电位，不仅要求通过两部分绝缘体分别与接地体和带电体隔开，

图 1-2 地电位作业现场图

图 1-3 中间电位作业现场图

同时还要求由人体与接地体和带电体之间组成的组合间隙（两段空气间隙之和）保持规定的最小安全距离，人与带电体的关系为带电体→绝缘体→人体→绝缘体→接地体。

3. 等电位作业

等电位作业是指作业人员对大地绝缘后，人体与带电体处于同一电位时进行的作业。

图 1-4　等电位作业现场图

等电位作业现场图如图 1-4 所示。等电位作业是指作业人员保持与带电体（导线）同一电位的作业，即人体通过绝缘体与接地体（大地或杆塔）绝缘后直接接触带电体的作业。作业时人体必须与接地体保持规定的最小安全距离，人与带电体的关系为带电体→人体→绝缘体→接地体。其中，等电位的过程是人体与导线间形成的暂态电容放电和充电的过程：进入等电位将产生较大的暂态电容放电电流；脱离等电位的过程将产生较大的暂态电容充电电流。因此，作业人员必须身穿全套屏蔽服，通过导电手套或等电位转移线（棒）去接触导线，以确保作业人员安全。

1.1.3　"能带不停"绝缘杆作业法、绝缘手套作业法的形成

2023 年，Q/GDW 10799.8—2023《国家电网有限公司电力安全工作规程第 8 部分：配电部分》发布，明确规定了 10(20)kV 电压等级配电线路带电作业方式为绝缘杆作业法和绝缘手套作业法，其适用于在海拔 1000m 及以下交流 10(20)kV 的高压配电线路的带电作业。

依据 GB/T 18857—2019《配电线路带电作业技术导则》（6.1、6.2）的定义，有：

1. 绝缘杆作业法

绝缘杆作业法是指作业人员与带电体保持规定的安全距离，穿戴绝缘防护用具，通过绝缘杆进行作业的方式，绝缘杆作业法现场图如图 1-5 所示。

2. 绝缘手套作业法

绝缘手套作业法是指作业人员使用绝缘斗臂车、绝缘梯、绝缘平台等绝缘承载工具，与大地保持规定的安全距离，穿戴绝缘防护用具，与周围物体保持绝缘隔离，通过绝缘手套对带电体直接进行作业的方式，绝缘手套作业法现场图如图 1-6 所示。

图 1-5　绝缘杆作业法现场图　　　　图 1-6　绝缘手套作业法现场图

1.2　旁路作业"能转不停"技术

1.2.1　"能转不停"旁路作业技术的形成

2009 年，Q/GDW 249—2009《10kV 旁路作业设备技术条件》发布，首次提出了旁路作业的概念。

2010 年，Q/GDW 520—2010《10kV 架空配电线路带电作业管理规范》发布，提出了综合不停电作业法和旁路作业的概念。

2012 年，Q/GDW 710—2012《10kV 电缆线路不停电作业技术导则》发布，确定了将旁路作业拓展延伸到电缆线路，逐步实现检修电缆线路、环网箱等工作的不停电作业。

2016 年，Q/GDW 10520—2016《10kV 配网不停电作业规范》发布，明确了旁路作业在 10kV 配网架空线路和电缆线路中的应用项目，如旁路作业检修架空线路、电缆线路和环网箱等。

依据 GB/T 34577—2017《配电线路旁路作业技术导则》3.1 的定义有：旁路作业是指通过旁路设备的接入，将配网中的负荷转移至旁路系统，实现待检修设备停电检修的作业方式。旁路电缆供电回路工作示意图如图 1-7 所示。在旁路作业检修架空线路作业项目中，实现线路负荷转移的旁路电缆供电回路由三相旁路引下电缆、旁路负荷开关、三相旁路柔性电缆和电气连接用的引流线夹、快速插拔终端、快速插拔接头组成；图中的断联点是对线路采用桥接施工法实现的断开点（线路停电检修）与联接点（线路恢复供电）。

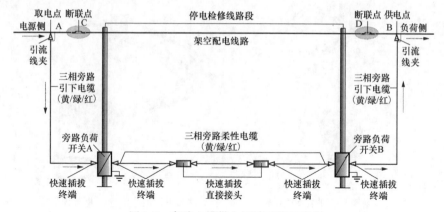

图 1-7　旁路电缆供电回路工作示意图

1.2.2 "能转不停"转供电作业、临时取电作业的形成

1. 转供电作业

生产中，旁路作业中的转供电作业用在负荷转移（停电检修）工作中，作业项目包括：①电缆线路和环网箱的停电检修（更换）工作，采用旁路作业＋倒闸操作方式来完成；②架空线路和柱上变压器的停电检修（更换）工作，采用带电作业＋旁路作业＋倒闸操作方式协同完成，例如，在如图 1-8 所示的转供电作业应用示意图中，要实现线路负荷转移（停电检修）工作，既包含了带电作业工作，又包含了旁路作业工作。

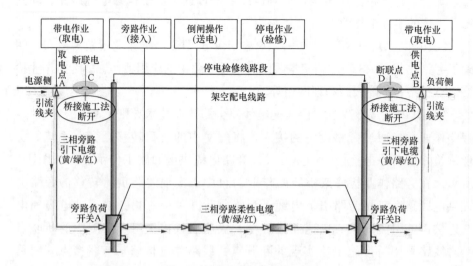

图 1-8　转供电作业应用示意图

（1）在旁路负荷开关处，通过旁路作业来完成旁路电缆回路的接入工作，以及旁路引下电缆的接入工作。

（2）在取电点和供电点处，通过带电作业来完成旁路引下电缆的连接工作。

（3）在旁路负荷开关处，通过倒闸操作来完成旁路电缆回路送电和供电工作，即负荷转移工作。

（4）在断联点处，通过带电作业（桥接施工法）来完成待检修线路的停运工作。

（5）线路负荷转移后，即可按照停电检修作业方式完成线路检修工作。

2. 临时取电作业

生产中，旁路作业中的临时取电作业（或称为临时供电作业）用在负荷转移（保供电）工作中，作业项目包括：①采用旁路作业＋倒闸操作完成取电工作；②采用旁路作业作＋带电作业＋倒闸操作完成取电工作。例如，在如图 1-9 所示的临时取电作业示意图中：

（1）在旁路负荷开关和移动箱变处，通过旁路作业来完成旁路电缆回路的接入工作，以及低压旁路引下电缆的接入工作。

（2）在取电点处，通过带电作业来完成旁路引下电缆的连接工作。

（3）在旁路负荷开关和移动箱变处，通过倒闸操作来完成旁路电缆回路的送电和供电工作。

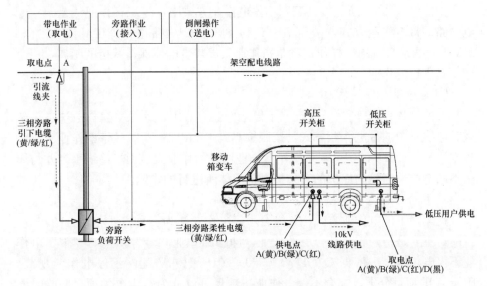

图 1-9　临时取电作业示意图

1.3 不停电作业"转带结合"技术

1.3.1 "转带结合"不停电作业技术的形成

2012 年配网不停电作业概念的提出与推广、旁路作业的开展与应用，推动了中国配网检修作业方式从带电作业到不停电作业的转变。长期以来，将带电作业技术上难以实现的工作留给停电作业去解决的做法，满足不了信息化社会对连续可靠供电的高需求和供电质量的高要求。旁路作业技术的发展与应用，无疑为带电作业注入了新的理念和新的活力，将带电作业、旁路作业有机结合起来，使带电作业真正进入到不停电作业的新时代。

依据 Q/GDW 10370—2016《配电网技术导则》5.11.1、5.11.2 的规定，配电线路检修维护、用户接入（退出）、改造施工等工作，以不中断用户供电为目标，按照"能带电、不停电"及"更简单、更安全"的原则，优先考虑采取不停电作业方式。配电工程方案编制、设计、设备选型等环节，应考虑不停电作业的要求。

1.3.2 "转带结合"综合不停电作业法的形成

依据 Q/GDW 10520—2016《10kV 配网不停电作业规范》6.1 的分类：不停电作业方式可分为绝缘杆作业法、绝缘手套作业法和综合不停电作业法。

1. 绝缘杆作业法

如前（1.1.3）所述，在配网不停电作业方式中，绝缘杆作业法是架空配电线路的带电作业方式，按照 GB/T 14286—2021《带电作业工具设备术语》2.1.1.4 的定义：绝缘杆作业法是指作业人员与带电体保持一定的距离，用绝缘工具进行的作业。

2. 绝缘手套作业法

如前（1.1.3）所述，在配网不停电作业方式中，绝缘手套作业法也是架空配电线路中的带电作业方式，按照按 GB/T 14286—2021《带电作业工具设备术语》2.1.1.5 的定义：绝缘手套作业法是指作业人员通过绝缘手套并与周围不同电位适当隔离保护的直接接触带电体所进行的作业。

3. 综合不停电作业法

在配网不停电作业方式中，综合不停电作业法为多种方式相结合的作业。目前，主要是指"转带结合"的作业，即旁路作业"转"供电与"带"电作业不停电相结合。依据 Q/GDW 10520—2016《10kV 配网不停电作业规范》附录 A 的项目分类，综合不停电作业法项目可以分为转供电类项目和临时取电类项目。其中：

（1）转供电类项目包括不停电更换柱上变压器、旁路作业检修架空线路、旁路作业检修电缆线路、旁路作业检修环网箱等。

（2）临时取电类项目包括从架空线路临时取电给移动箱变供电、从架空线路临时取电给环网箱供电、从环网箱临时取电给移动箱变供电、从环网箱临时取电给环网箱供电等。

2 作业人员安全管控（管人员控安全）

2.1 作业人员安全职责管控

作为一名作业人员，必须时刻牢记：生命安全是不可逾越的红线、安全法律是必须坚守的底线，安全红线底线意识不放松，安全生产履职尽责不放松。依据《中华人民共和国安全生产法》第五条、第六条、第十一条、第十六条的规定，有：

(1) 生产经营单位的主要负责人是本单位安全生产第一责任人，对本单位的安全生产工作全面负责。

(2) 生产经营单位的从业人员有依法获得安全生产保障的权利，并应当依法履行安全生产方面的义务。

(3) 生产经营单位必须执行依法制定的保障安全生产的国家标准或者行业标准。

(4) 国家实行生产安全事故责任追究制度，依照本法和有关法律、法规的规定，追究生产安全事故责任人员的法律责任。

2.1.1 任职要求

从事配网不停电工作的作业人员必须全面接受培训、全员持证上岗，多专业（带电、电缆、运行、检修等）协同、多人员（带电作业人员、旁路作业人员、运行操作人员、停电作业人员等）协作，全面开展不停电作业工作。作业人员组成示意图如图 2-1 所示。

(1) 作业人员必须与企业签订劳动合同并在该企业缴纳社保，必须取得相应的不停电作业资质证书后方可上岗，并执行当地电网企业主管部门规定的安全准入制度。

(2) 作业人员参加安全生产教育和岗位技能培训且考核成绩必须达标，年度安全知识考核成绩必须达标，不达标者不能上岗。

(3) 作业人员必须持有当地电网企业主管部门认可的资质证书上岗，在国家电网有限公司系统内必须持有《配网不停电作业（简单项目）》证书或《配网不停电作业（复杂项目）》证书，以及国家认可《高处作业》和《电工作业》等特种作业证书方可上岗。

(4) 作业人员持有的不停电作业资质证书应在有效期限内，完成复证培

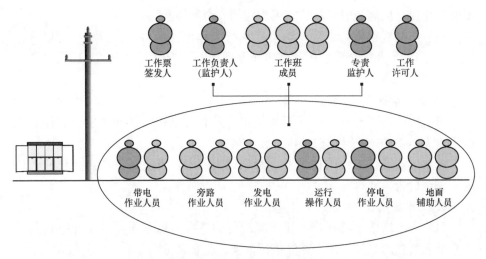

图 2-1 作业人员组成示意图

训及考核，因特殊原因未能按时完成复证的，不应从事不停电作业工作，并在有效期后 6 个月内完成复证；严禁伪造证书、转借证书。

（5）作业人员脱离本工作岗位 1 年以上者，注销其不停电作业合格证书，需返回不停电作业岗位者，应重新取证。

（6）工作票签发人和工作负责人（监护人）按 Q/GDW 10799.8—2023《国家电网有限公司电力安全工作规程　第 8 部分：配电部分》规定的条件和程序审批；工作票采取双签发模式时，施工单位的工作票签发人应具备有效的不停电作业资质证书。

（7）10kV 配网不停电作业人员不应与输变电专业带电作业人员混岗。

2.1.2　岗位要求

针对《配电带电作业工作票》所列人员的岗位要求建议如下。

1. 工作票签发人

（1）应由具有带电作业实践经验的管理人员、技术人员和技能人员担任，并经单位批准、公布名单。

（2）应能根据工作任务组织人员到现场勘察，并填写现场勘察记录。

（3）应能履行安全责任，正确签发工作票。

2. 工作负责人（监护人）

（1）应由具有带电作业实践经验，能组织、指挥和管理现场生产的人员担任，并经单位批准、公布名单。

（2）应能根据工作任务组织现场勘察并填写现场勘察记录，并根据勘察结果确定作业方法、所需工具及应采取的安全措施。开工前发现与原勘察情况有变化时，应能及时修正、完善相应的安全措施。

（3）应能履行安全责任，填写和执行工作票、编写与执行施工方案（作业指导书），作业中全程监护和落实作业现场安全措施，作业结束后做好资料归档工作。

3. 专责监护人

（1）应由持有不停电作业资质证书、具有带电作业实践经验、责任心强的班组人员担任，并经单位批准、公布名单。

（2）应能履行工作监护制度，做到到岗到责，及时纠正和制止作业人员的不安全行为。

4. 工作班成员

（1）应由当地电网企业主管部门认可的持有不停电作业资质证书且具备安全准入资格的人员担任，并经单位批准、公布名单。

（2）应能履行安全责任，听从工作负责人（监护人）的指挥，严格执行工作票并能遵照施工方案（作业指导书）实施作业。

（3）应具备必要的安全生产知识，掌握 DL/T 692—2018《电力行业紧急救护技术规范》等规范，掌握紧急救护法，特别是触电急救。

2.1.3　安全责任

依据 Q/GDW 10799.8—2023《国家电网有限公司电力安全工作规程　第8 部分：配电部分》5.3.12 的规定，工作票所列人员的安全责任如下。

1. 工作票签发人

（1）确认工作的必要性和安全性。

（2）确认工作票上所列安全措施是否正确、完备。

（3）确认所派工作负责人是否合适，工作班成员人数是否适当。

2. 工作负责人（监护人）

（1）确认工作票所列安全措施是否正确、完备，是否符合现场实际条件，必要时予以补充。

（2）正确、安全地组织工作。

（3）工作前，对工作班成员进行工作任务、安全措施交底和危险点告知，并确保每个工作班成员都已签名确认。

（4）组织执行工作票所列由其负责的安全措施。

（5）监督工作班成员遵守该文件，正确使用劳动防护用品和安全工器具，以及正确实施现场安全措施。

（6）关注工作班成员身体状况和精神状态是否有异常迹象，人员变动是否合适。

3．工作许可人

（1）确认工作票所列由其负责的安全措施是否正确、完备，符合现场实际。对工作票所列内容产生疑问时，应向工作票签发人询问清楚，必要时予以补充。

（2）确认由其负责的安全措施是否正确实施。

（3）确认由其负责的停、送电和许可工作的命令是否正确。

4．专责监护人

（1）明确被监护人员和监护范围。

（2）工作前，向被监护人员交代监护范围内的安全措施，告知危险点和安全注意事项。

（3）监督被监护人员遵守本文件和执行现场安全措施，及时纠正被监护人员的不安全行为。

5．工作班成员

（1）熟悉工作内容、工作流程，掌握安全措施，明确工作中的危险点，并在工作票上履行交底签名确认手续。

（2）服从工作负责人、专责监护人的指挥，严格遵守本文件和劳动纪律，在指定的作业范围内工作，对自己在工作中的行为负责，互相关心工作安全。

（3）正确使用施工机具、安全工器具和劳动防护用品。

2.2　作业人员安全教育管控

作为一名作业人员必须全面接受安全教育和培训。依据《中华人民共和国安全生产法》（第二十八条、第二十九条）的规定：

（1）生产经营单位应当对从业人员进行安全生产教育和培训，保证从业人员具备必要的安全生产知识，熟悉有关的安全生产规章制度和安全操作规程，掌握本岗位的安全操作技能，了解事故应急处理措施，知悉自身在安全生产方面的权利和义务。未经安全生产教育和培训合格的从业人员，不得上岗作业。

（2）生产经营单位采用新工艺、新技术、新材料或者使用新设备，必须了解、掌握其安全技术特性，采取有效的安全防护措施，并对从业人员进行专门的安全生产教育和培训。

作业人员常态化接受三级（企业级、部门级、班组级）安全教育不放松。三级安全教育必须做到有计划、有方案、有实施、有考核、有奖惩，严格落实安全生产岗位责任制。未经安全生产教育和培训合格的作业人员，不得上岗工作。作业人员必须有完整的安全生产教育和培训档案。

2.2.1 企业级

作业人员参加企业级安全教育，重点是接受安全风险防范意识教育，推荐如下：

（1）以安全教育日（4月15日）为主题的安全生产宣传教育。

（2）以安全生产法为主题的安全生产红线教育。

（3）常态化的年度安全生产例会、安全生产教育和岗位技能培训。

2.2.2 部门级

作业人员参加部门级安全教育，重点是接受安全风险防范水平教育，推荐如下：

（1）以"前事不忘，后事之师"为主题的安全生产警示教育。

（2）以"电力安全工作规程"为主题的安全生产底线教育。

（3）常态化的季度安全生产例会。

2.2.3 班组级

作业人员参加班组级安全教育，重点是接受安全风险防范能力教育，推荐如下：

（1）以"汲取教育，引以为戒"为主题的安全生产案例教育。

（2）以"三措（组织、技术、安全）一案（施工方案）"为主题的安全生产责任教育。

（3）常态化的周（月）安全生产例会。

2.3 作业人员安全健康管控

作为一名作业人员，身体健康必须达标，必须经医师鉴定无妨碍工作的病症，才能从事不停电作业工作。

2.3.1 上岗和作业

（1）作业人员应经县级或二级甲等及以上医疗机构鉴定，无妨碍工作的病症，方可上岗从事现场作业工作。

（2）现场作业人员的身体和精神状况应满足当天工作的安全要求。

（3）现场作业人员的年龄应不超过国家规定的法定退休年龄。

2.3.2 体检和档案

（1）作业人员应每年进行一次体检，体检内容应符合 GBZ 188—2014

《职业健康监护技术规范》的要求。

（2）作业人员应建立完整的健康档案，包括基本健康状况、年度体检结果、诊断治疗等有关个人健康资料。

2.4 作业人员安全知识管控

作为一名作业人员，安全知识培训和考核必须达标，不达标者不得上岗参加工作。下面对安全生产法、安规、规范、导则等其他标准涉及的安全知识做一宣贯。

2.4.1 《中华人民共和国安全生产法》

依据《中华人民共和国安全生产法》的相关条款，有：

（1）生命安全是不可逾越的红线、安全法律是必须坚守的底线。安全生产工作应当以人为本，坚持安全发展，坚持安全第一、预防为主、综合治理的方针。生产经营单位必须遵守本法和其他有关安全生产的法律、法规，加强安全生产管理，建立、健全安全生产责任制和安全生产规章制度。

（2）国家实行生产安全事故责任追究制度，追究生产安全事故责任人员的法律责任。生产经营单位的从业人员有依法获得安全生产保障的权利，并应当依法履行安全生产方面的义务。生产经营单位的主要负责人对本单位的安全生产工作全面负责。生产经营单位必须执行依法制定的保障安全生产的国家标准或者行业标准。

2.4.2 安规

依据 Q/GDW 10799.8—2023《国家电网有限公司电力安全工作规程　第8部分：配电部分》的相关条款，有：

（1）配电线路是指 20kV 及以下配网中的架空线路、电缆线路及其附属设备等。配电设备是指 20kV 及以下配网中的配电站、开关站、箱式变电站、柱上变压器、柱上开关（包括柱上断路器、柱上负荷开关）、跌落式熔断器、环网单元、电缆分支箱、低压配电箱、电能表计量箱、充电桩等。运行中的电气设备是指全部带有电压、一部分带有电压或一经操作即带有电压的电气设备。故障紧急抢修工作是指电气设备发生故障被迫紧急停止运行，需短时间内恢复的抢修或排除故障的工作。

（2）带电作业需要停用重合闸（含已处于停用状态的重合闸），应向值班调控人员或运维人员申请并履行工作许可手续。工作许可后，工作负责人（小组负责人）应向工作班（工作小组）成员交代工作内容、人员分工、带电部位、现场安全措施和其他注意事项，并告知危险点。工作班成员应履行确认手续。工作终结报告应按以下方式进行：当面报告；电话或电子信息报告，并经复诵或电子信息回复无误。

（3）装设柱上开关（包括柱上断路器、柱上负荷开关）的配电线路停电，应先断开柱上开关，后拉开隔离开关（刀闸）。送电操作顺序与此相反。配电变压器停电，应先拉开低压侧开关，后拉开高压侧熔断器。送电操作顺序与此相反。拉跌落式熔断器、隔离开关（刀闸），应先拉开中相，后拉开两边相。合跌落式熔断器、隔离开关（刀闸）的顺序与此相反。更换配电变压器跌落式熔断器熔丝，应拉开低压侧开关和高压侧隔离开关（刀闸）或跌落式熔断器。摘挂跌落式熔断器的熔管，应使用绝缘棒，并派人监护。

（4）带电作业的工作票签发人和作业人员参加相应作业前，应经专门培训、考试合格、单位批准。带电作业的工作票签发人和工作负责人、专责监护人应具有带电作业实践经验。带电作业应有人监护。监护人不应直接操作，监护的范围不应超过一个作业点。复杂或高杆塔作业，必要时应增设专责监护人。

（5）工作负责人在带电作业开始前，应与值班调控人员或运维人员联系。需要停用重合闸的作业和带电断、接引线工作应由值班调控人员或运维人员履行许可手续。带电作业结束后，工作负责人应及时向值班调控人员或运维人员汇报。

（6）带电作业应在良好天气下进行，作业前应进行风速和湿度测量。风力大于5级或湿度大于80%时，不宜带电作业。若遇雷电、雪、雹、雨、雾等不良天气，不应带电作业。带电作业过程中若遇天气突然变化，有可能危及人身及设备安全时，应立即停止工作，撤离人员，恢复设备正常状况，或采取临时安全措施。

（7）对于带电作业项目，应勘察配电线路是否符合带电作业条件、同杆（塔）架设线路及其方位和电气间距、作业现场条件和环境及其他影响作业的危险点，并根据勘察结果确定带电作业方法、所需工具及应采取的措施。

（8）带电作业期间，与作业线路有联系的馈线需倒闸操作的，应征得工作负责人的同意；倒闸操作前，带电作业人员应撤离带电部位。带电作业有下列情况之一者，应停用重合闸，并不应强送电：中性点有效接地的系统中有可能引起单相接地的作业；中性点非有效接地的系统中有可能引起相间短路的作业；工作票签发人或工作负责人认为需要停用重合闸的作业。不应约时停用或恢复重合闸。

（9）带电作业人员应穿戴绝缘防护用具（绝缘服或绝缘披肩或绝缘袖套、绝缘手套、绝缘鞋、绝缘安全帽等）。带电断、接引线作业应戴护目镜，使用的安全带应有良好的绝缘性能。带电作业过程中，不应摘下绝缘防护用具。

斗上双人带电作业，不应同时在不同相或不同电位作业。

（10）对作业中可能触及的其他带电体及无法满足安全距离的接地体（导线支承件、金属紧固件、横担、拉线等）应采取绝缘遮蔽措施。作业区域带电体、绝缘子等应采取相间、相对地的绝缘隔离（遮蔽）措施。不应同时接触两个非连通的带电体或同时接触带电体与接地体。

（11）在配电线路上采用绝缘杆作业法时，人体与带电体的最小距离不应小于 0.4m 的规定，此距离不包括人体活动范围。10kV 绝缘操作杆的有效绝缘长度不得小于 0.7m。10kV 绝缘承力工具和绝缘绳索的有效绝缘长度不得小于 0.4m。

（12）作业人员进行换相工作转移前，应得到监护人的同意。带电、停电配合作业的项目，在带电、停电作业工序转换前，双方工作负责人应进行安全技术交接，并确认无误。

（13）不应带负荷断、接引线。不应用断、接空载线路的方法使两电源解列或并列。带电断、接空载线路前，应确认后端所有断路器（开关）、隔离开关（刀闸）已断开，变压器、电压互感器已退出运行。

（14）带电断、接空载线路所接引线长度应适当，与周围接地构件、不同相带电体应有足够安全距离，连接应牢固可靠。断、接时应有防止引线摆动的措施。带电接引线时触及未接通相的导线前，或带电断引线时触及已断开相的导线前，应采取防感应电措施。

（15）带电断、接空载线路时，作业人员应戴护目镜，并应采取消弧措施。断、接线路为空载电缆等容性负载时，应根据线路电容电流的大小，采用带电作业用消弧开关及操作杆等专用工具。

（16）带电断开架空线路与空载电缆线路的连接引线之前，应检查电缆所连接的开关设备状态，确认电缆空载。带电接入架空线路与空载电缆线路的连接引线之前，应确认电缆线路试验合格，对侧电缆终端连接完好，接地已拆除，并与负荷设备断开。

（17）用绝缘引流线或旁路电缆短接设备前，应闭锁断路器（开关）跳闸回路，短接时应核对相位，载流设备应处于正常通流或合闸位置。旁路带负荷更换开关设备的绝缘引流线的截面积和两端线夹的载流容量，应满足最大负荷电流的要求。带负荷更换高压隔离开关（刀闸）、跌落式熔断器，安装绝缘引流线时应防止高压隔离开关（刀闸）、跌落式熔断器意外断开。绝缘引流线或旁路电缆两端连接完毕且遮蔽完好后，应检测通流情况正常。短接故障线路、设备前，应确认故障已隔离。

（18）带电立、撤杆：作业前，应检查作业点两侧电杆、导线及其他带电设备是否固定牢靠，必要时应采取加固措施。作业时，杆根作业人员应穿绝缘靴、戴绝缘手套；起重设备操作人员应穿绝缘鞋或绝缘靴。起重设备操作人员在作业过程中不应离开操作位置。立、撤杆时，起重工器具、电杆与带电设备应始终保持有效的绝缘遮蔽或隔离措施，并有防止起重工器具、电杆等的绝缘防护及遮蔽器具绝缘损坏或脱落的措施。立、撤杆时，应使用足够强度的绝缘绳索作为拉绳，控制电杆的起立方向。

（19）带电作业工器具预防性试验应符合 DL/T 976—2017《带电作业工具、装置和设备预防性试验规程》的要求。电气预防性试验：试验长度为 0.4m，试验电压为 20kV，试验时间为 1min，试验中试品应无击穿、闪络、明显发热，试验周期为 12 个月。

（20）带电作业遮蔽和防护用具试验应符合 GB/T 18857—2019《配电线路带电作业技术导则》的要求。绝缘防护用具的预防性试验：试验电压为 20kV，试验时间为 1min，试验中试品应无击穿、闪络、发热，试验周期为 6 个月。电气预防性试验：试验电压为 20kV，试验时间为 1min，试验中试品应无击穿、闪络、发热，试验周期为 6 个月。

（21）绝缘斗臂车应根据 DL/T 854—2017《带电作业用绝缘斗臂车使用导则》定期检查。绝缘工作斗（绝缘内斗的层向耐压和沿面闪络试验、外斗的沿面闪络试验）、绝缘臂的工频耐压试验，整车的工频耐压试验以及内斗、外斗、绝缘臂、整车的泄漏电流试验，试验周期为 12 个月。

2.4.3 规范

依据 Q/GDW 10520—2016《10kV 配网不停电作业规范》的相关条款，有：

（1）不停电作业是指以实现用户的不停电或短时停电为目的，采用多种方式对设备进行检修的作业。

（2）旁路作业是指通过旁路设备的接入，将配网中的负荷转移至旁路系统，实现待检修设备停电检修的作业方式。

（3）将配网工程纳入不停电作业流程管理，并在配网工程设计时优先考虑便于不停电作业的设备结构及形式。

（4）不停电作业方式可分为绝缘杆作业法、绝缘手套作业法和综合不停电作业法。

（5）常用配网不停电作业项目按照作业难易程度，可分为四类：①简单绝缘杆作业法项目；②简单绝缘手套作业法项目；③复杂绝缘杆作业法和复杂绝缘手套作业法项目；④综合不停电作业项目。

（6）带电指配电线路处于带电状态，需更换设备处于断开（拉开、开口）状态的作业项目，更换设备处不带负荷。

（7）带负荷指需更换设备处于闭合（合上、闭口）状态的作业项目。

（8）不停电作业应统计作业次数、作业时间、减少停电时户数、多供电量、工时数、供电可靠率、带电作业化率。

（9）持证上岗：不停电作业人员所持证书指经国家电网有限公司公司级和省公司级配网不停电作业实训基地培训并考核合格，取得的配网不停电作业资质证书。

（10）岗位培训是不停电作业不可或缺的培训方式，规定了岗位培训的最少时间，各单位应加大不停电作业岗位培训力度。

（11）工作负责人和工作票签发人按 Q/GDW 10799.8—2023《国家电网有限公司电力安全工作规程　第 8 部分：配电部分》规定的条件和程序审批。

（12）各市县公司应根据国家标准、行业标准及国家电网有限公司发布的技术导则、规程及相关规定，结合作业现场具体情况编制每类作业项目的现场操作规程、标准化作业指导书（卡），经审批后实施。

（13）不停电作业项目在实施前应进行现场勘察，确认是否具备作业条件，并审定作业方法、安全措施和人员、工器具及车辆配置。

（14）不停电作业项目需要不同班组协同作业时，应设项目总协调人。

（15）不停电作业工器具应设专人管理，并做好登记、保管工作。不停电作业工器具应有唯一的永久编号。应建立工器具台账，包括名称、编号、购置日期、有效期限、适用电压等级、试验记录等内容。台账应与试验报告、试验合格证一致。

（16）不停电作业工器具应放置于专用工具柜或库房内。工具柜应具有通风、除湿等功能且配备温度表、湿度表。库房应符合 DL/T 974—2018《带电作业用工具库房》的要求。

（17）不停电作业绝缘工器具若在湿度超过 80% 的环境使用，宜使用移动库房或智能工具柜等设备，防止绝缘工器具受潮。

（18）不停电作业工器具运输过程中，应装在专用工具袋、工具箱或移动库房内，防止受潮和损坏。发现绝缘工具受潮或表面损伤、脏污时，应及时处理并经检测或试验合格后方可使用。

（19）不停电作业工器具应按 DL/T 976—2017《带电作业工具、装置和设备预防性试验规程》、Q/GDW 249—2009《10kV 旁路作业设备技术条件》、Q/GDW 710—2012《10kV 电缆线路不停电作业技术导则》和 Q/GDW 1811—2013《10kV 带电作业用消弧开关技术条件》等标准的要求进行试验，并粘贴试验结果和有效日期标签，做好信息记录。

2.4.4　导则

依据 GB/T 18857—2019《配电线路带电作业技术导则》的相关条

款，有：

（1）对带电体设置绝缘遮蔽时，按照从近到远的原则，从离身体最近的带电体依次设置。对上下多回分布的带电导线设置遮蔽用具时，应按照从下到上的原则，从下层导线开始依次向上层设置。对导线、绝缘子、横担的设置次序是按照从带电体到接地体的原则，先放导线遮蔽罩，再放绝缘子遮蔽罩，然后对横担进行遮蔽。遮蔽用具之间的接合处应有大于 15cm 的重合部分。无论是裸导线还是绝缘导线，在作业中均应进行绝缘遮蔽。对绝缘子等设备进行遮蔽时，应避免人为短接绝缘子片。

（2）拆除遮蔽用具应从带电体下方（绝缘杆作业法）或者侧方（绝缘手套作业法）拆除绝缘遮蔽用具，拆除顺序与设置遮蔽相反。拆除绝缘遮蔽用具应按照从远到近的原则，从离作业人员最远处开始依次向近处拆除。如是拆除上下多回路的绝缘遮蔽用具，应按照从上到下的原则，从上层开始依次向下顺序拆除。对于导线、绝缘子、横担的遮蔽拆除，应按照先接地体后带电体的原则，先拆横担遮蔽用具（绝缘垫、绝缘毯、遮蔽罩），再拆绝缘子遮蔽罩，然后拆导线遮蔽罩。

2.4.5　其他相关标准

（1）依据 Q/GDW 11237—2014《配网带电作业绝缘斗臂车技术规范》、DL/T 854—2017《带电作业用绝缘斗臂车使用导则》的相关条款，有：

1）绝缘斗臂车库的存放体积一般应为车体的 1.5～2.0 倍。绝缘斗臂车库的通风、除湿、烘干装置要求与带电作业工具库房的要求相同。绝缘斗臂车库的加热器一般应安装在便于烘烤斗臂的部位或顶部，下部不需安装加热器。

2）斗臂车按伸展结构的类型可分为伸缩臂式、折叠臂式和混合式三种类型，包括 A 型支腿和 H 型支腿的绝缘斗臂车。绝缘斗臂车通常由绝缘斗部操控系统、下部操控系统、支腿操控系统、绝缘斗、绝缘臂、吊臂装置所组成。

3）斗臂车的试验包括型式试验、出厂试验和预防性能试验。绝缘斗臂车的预防性试验每年一次。绝缘内斗的预防性试验包括层向耐压、沿面闪络和泄漏电流试验；绝缘外斗的预防性试验包括沿面闪络和泄漏电流试验；绝缘臂的预防性试验包括工频耐压和泄漏电流试验，绝缘斗臂车整车的预防性试验包括工频耐压和泄漏电流试验。

4）绝缘臂应有有效绝缘长度标识，有效绝缘长度不小于 1.0m(10kV)。伸缩式斗臂车应具有绝缘臂防磨损装置。

5）禁止绝缘斗超载工作。承载 1 人的工作斗，额定载荷应不小于 135kg；承载 2 人的工作斗，额定载荷应不小于 270kg。具有斗部起吊装置的斗臂车其最大起吊质量应不小于 450kg。绝缘工作斗上应醒目地注明斗臂车额定载荷或承载人数。

6）斗臂车应配有专用的车体接地装置，接地装置标有规定的符号或图形。斗臂车的接地装置包括长度不小于 10m，截面积不小于 $25mm^2$ 的带透明护套的多股软铜接地线。

（2）依据 Q/GDW 249—2009《10kV 旁路作业设备技术条件》、Q/GDW 1812—2013《10kV 旁路电缆连接器使用导则》、Q/GDW 11239—2014《移动箱变车技术规范》的相关条款，有：

1）旁路负荷开关是指可用于户外，可移动并快速安装在电杆上的小型开关，具有分闸、合闸两种状态，用于旁路作业中的电流切换。旁路柔性电缆，是一种由多股软铜线构成的、能重复使用的可弯曲的交流电力电缆。旁路电缆连接器，是指旁路作业中用于连接和接续旁路柔性电缆的设备，包括中间接头、T 型接头和终端接头。

2）快速插拔接头包括直通接头和 T 型接头。旁路柔性电缆直通连接时应选用快速插拔直通接头。旁路柔性电缆有分支连接时应选用快速插拔 T 型接头。旁路柔性电缆与环网柜（分支箱）连接时，根据环网柜（分支箱）上的套管选择螺栓式或插入式旁路电缆终端。旁路柔性电缆与旁路负荷开关和移动箱变车连接时应选用快速插拔终端。旁路柔性电缆与架空导线连接时应选用引流线夹。

3）旁路电缆连接器安装以后，在与环网柜（分支箱）连接前，应使用 2500V 或 5000V 的绝缘电阻测试仪测量绝缘电阻，绝缘电阻值应不小于 500MΩ。

4）旁路电缆终端与环网柜连接前应先进行安全确认：确认环网柜柜体可靠接地；若选用螺栓式旁路电缆终端，应确认接入间隔的开关已断开并接地。架空线路旁路作业，旁路柔性电缆屏蔽层一般应在两终端附近通过旁路负荷开关外壳可靠接地。

5）旁路电缆终端与环网柜（分支箱）连接时，应先用清洁纸（布）清洁电缆终端与设备（环网柜、分支箱等）套管接触部分的绝缘表面，并在连接处涂抹适量的硅脂进行润滑和消除界面间隙，方便安装并确保终端的绝缘强度。

6）移动箱变车，是指配备高压开关设备、配电变压器和低压配电装置，实现临时供电（高压系统向低压系统输送电能）的专用车辆。主要由车辆平台、车载设备、辅助系统等组成。旁路变压器与柱上变压器并联运行必须满足并列条件。其中，旁路变压器与柱上变压器的联结组别必须一致，否则不得并联运行。

（3）依据 Q/GDW 710—2012《10kV 电缆线路不停电作业技术导则》、GB/T 34577—2017《配电线路旁路作业技术导则》的相关条款，有：

1）带电断接空载电缆引线，是指在架空线不停电的情况下，将空载电缆引线与其断开或连接，实现空载电缆的退出或投入运行。

2）带电作业用消弧开关，用于带电作业的，具有断接空载架空或电缆线路电容电流功能和一定灭弧能力的开关。在将消弧开关与线路连接之前，应确认消弧开关处在断开位置并闭锁。应使用绝缘操作杆拉合消弧开关。安装消弧开关上的绝缘引流线时，应先接无电端、再接有电端；拆除绝缘引流线时，应先拆有电端、再拆无电端。

3）带电断、接架空线路与空载电缆线路连接引线，空载电缆长度不宜大于 3km。应采用带电作业用消弧开关带电断、接架空线路与空载电缆线路连接引线，不应直接带电断、接。带电断开架空线路与空载电缆线路连接引线之前，应通过测量引线电流确认电缆处于空载状态。带电接入架空线路与空载电缆线路连接引线之前，应确认电缆线路试验合格，对侧电缆终端连接完好，接地已拆除，并与负荷设备断开。

4）采用旁路作业方式进行电缆线路不停电作业时，旁路电缆两侧的环网柜等设备均应带开关，并预留备用间隔。电缆环网柜等设备没有预留备用间隔时，可采用旁路作业方式进行电缆线路短时停电作业。旁路设备与待检修设备检修后，设备并联运行后，应根据旁路设备及待检修设备检修后的设备参数，核查旁路设备分流情况是否正常，一般情况下旁路电缆分流约占总电流的 1/4 和 3/4。雨雪天气严禁组装旁路作业设备；组装完成的旁路作业设备允许在降雨（雪）条件下运行，但应确保旁路设备连接部位有可靠的防雨（雪）措施。

3 作业装备环节管控（管装备控环节）

3.1 作业装备配置环节管控

作业装备的配置、试验、保管和使用的各个环节相辅相成、有机结合、缺一不可。结合 Q/GDW 10520—2016《10kV 配网不停电作业规范》6.2、8.2、10.2、附录 D 的规定，作业装备应按最少原则配置并留有余量。其中：

（1）第一、二类作业项目工器具及车辆配置，建议以一个作业小组为单位配置。对于第一类（绝缘杆作业法）项目来说，推荐最少人数 4 人，如图 3-1（a）所示，其中，工作负责人（监护人）1 人、杆上电工 2 人、地面电工 1 人；对于第二类（绝缘手套作业法）项目来说，推荐最少人数也为 4 人，如图 3-1（b）所示，其中，工作负责人（监护人）1 人、斗内（平台）电工 2 人、地面电工 1 人。

图 3-1　第一、二类作业项目人员配置示意图

（a）第一类（绝缘杆作业法）；（b）第二类（绝缘手套作业法）

（2）第三、四类作业项目工器具及车辆配置，建议以一个作业班为单位配置。对于第三类（绝缘手套作业法）项目来说，推荐最少人数为 8 人，如图 3-2（a）所示，其中，工作负责人（监护人）1 人、专责监护人 1 人、斗内（平台上）电工 4 人、地面电工 2 人；对于第四类（综合不停电作业法）转供电类和临时取电类项目来说，推荐最少人数也为 8 人，如图 3-2（b）所示，其中，工作负责人（监护人）1 人、专责监护人 1 人、旁路作业人员（由带电作业人员兼任）4 人、地面电工 2 人，运行操作人员和地面辅助人员另外配置。

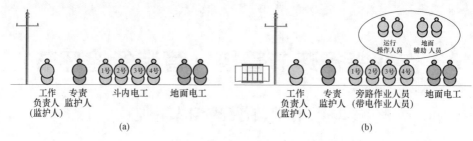

图 3-2　第三、四类作业项目人员配置示意图

(a) 第三类（绝缘手套作业法）；(b) 第四类（综合不停电作业法）

3.1.1　第一类作业项目（绝缘杆作业法）装备配置

第一类作业项目（绝缘杆作业法）及风险等级（Ⅳ、Ⅲ级）见表3-1。

表 3-1　　第一类作业项目（绝缘杆作业法）及风险等级（Ⅳ、Ⅲ级）

序号	类别	分类	作业方式	细类	项目	风险等级
1	带电作业	第一类	绝缘杆作业法	消缺类	普通消缺及装拆附件（包括修剪树枝、清除异物、扶正绝缘子、拆除退役设备；加装或拆除接触设备套管、故障指示器、驱鸟器等）	Ⅳ
2	带电作业	第一类	绝缘杆作业法	设备类	带电更换避雷器	Ⅳ
3	带电作业	第一类	绝缘杆作业法	引线类	带电断引流线（包括熔断器上引线、分支线路引线、耐张杆引流线）	Ⅳ
4	带电作业	第一类	绝缘杆作业法	引线类	带电接引流线（包括熔断器上引线、分支线路引线、耐张杆引流线）	Ⅳ

1. 特种车辆及登杆工具

特种车辆（移动库房车）及登杆工具（金属脚扣）如图3-3所示，配置如表3-2所示。

图 3-3　特种车辆（移动库房车）及登杆工具（金属脚扣）

(a) 移动库房车；(b) 脚扣

表 3-2 　　　　特种车辆（移动库房车）和登杆工具（金属脚扣）配置

序号	名称	规格/型号	单位	数量	备注
1	移动库房车		辆	1	
2	金属脚扣		副	4	登杆用

2. 个人防护用具

个人防护用具如图 3-4 所示，配置如表 3-3 所示。

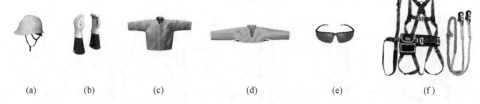

(a)　　　　(b)　　　　(c)　　　　(d)　　　　(e)　　　　(f)

图 3-4　个人防护用具

（a）绝缘安全帽；（b）绝缘手套＋羊皮或仿羊皮保护手套；

（c）绝缘服；（d）绝缘披肩；（e）护目镜；（f）安全带

表 3-3 　　　　　　　　　　　个人防护用具配置

序号	名称	规格/型号	单位	数量	备注
1	绝缘安全帽	10kV	顶	2	
2	绝缘手套	10kV	双	3	戴保护手套
3	绝缘服	10kV	件	2	
4	绝缘披肩	10kV	件	2	
5	护目镜		副	2	
6	安全带		副	2	有后背保护绳

3. 绝缘遮蔽用具

绝缘遮蔽用具如图 3-5 所示，配置如表 3-4 所示。

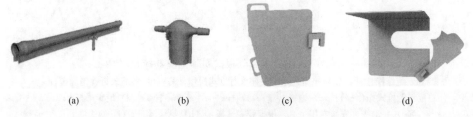

(a)　　　　　　(b)　　　　　　(c)　　　　　　(d)

图 3-5　绝缘遮蔽用具

（a）绝缘杆式导线遮蔽罩；（b）绝缘杆式绝缘子遮蔽罩；

（c）绝缘隔板 1（相间）；（d）绝缘隔板 2（相地）

表 3-4 绝缘遮蔽用具配置

序号	名称	规格/型号	单位	数量	备注
1	绝缘杆式导线遮蔽罩	10kV	个	3	绝缘杆作业法配备
2	绝缘杆式绝缘子遮蔽罩	10kV	个	2	绝缘杆作业法配备
3	绝缘隔板1（相间）	10kV	个	3	定制选配
4	绝缘隔板2（相地）	10kV	个	3	定制选配

4. 绝缘工具

绝缘工具如图 3-6 所示，配置如表 3-5 所示。

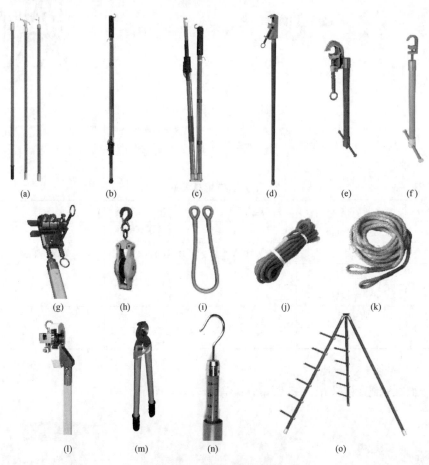

图 3-6　绝缘工具（根据实际工况选择）

（a）绝缘操作杆；（b）伸缩式绝缘锁杆（射枪式操作杆）；（c）伸缩式折叠绝缘锁杆
（射枪式操作杆）；（d）绝缘（双头）锁杆；（e）绝缘吊杆1；（f）绝缘吊杆2；
（g）并沟线夹安装专用工具（根据线夹选择）；（h）绝缘滑车；（i）绝缘绳套；
（j）绝缘传递绳1（防潮型）；（k）绝缘传递绳2（普通型）；（l）绝缘导线剥皮器
（推荐使用电动式）；（m）绝缘断线剪；（n）绝缘测量杆；（o）绝缘工具支架

表 3-5 绝缘工具配置

序号	名称	规格/型号	单位	数量	备注
1	绝缘滑车	10kV	个	1	绝缘传递绳用
2	绝缘绳套	10kV	个	1	挂滑车用
3	绝缘传递绳	10kV	根	1	$\phi 12mm \times 15m$
4	绝缘（双头）锁杆	10kV	个	1	可同时锁定两根导线
5	伸缩式绝缘锁杆	10kV	个	1	射枪式操作杆
6	绝缘吊杆	10kV	个	3	临时固定引线用
7	绝缘操作杆	10kV	个	1	拉合熔断器用
8	绝缘测量杆	10kV	个	1	
9	绝缘断线剪	10kV	个	1	
10	绝缘导线剥皮器	10kV	套	1	绝缘杆作业法用
11	线夹装拆工具	10kV	套	1	根据线夹类型选择
12	绝缘工具支架		个	1	放置绝缘工具用
13	普通消缺类工具	10kV	套	1	定制选配
14	装拆附件类工具	10kV	套	1	定制选配

5. 金属工具

金属工具（根据实际工况选择）如图 3-7 所示，配置如表 3-6 所示。

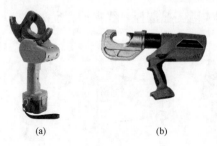

(a) (b)

图 3-7 金属工具

（a）电动断线切刀；（b）液压钳

表 3-6 金属工具配置

序号	名称	规格/型号	数量	备注
1	电动断线切刀		1个	地面电工用
2	液压钳		1个	压接设备线夹用

6. 仪器仪表

仪器仪表如图 3-8 所示，配置如表 3-7 所示。

| (a) | (b) | (c) | (d) | (e) | (f) | (g) |

图 3-8   仪器仪表（根据实际工况选择）

（a）绝缘电阻测试仪＋电极板；（b）高压验电器；（c）工频高压发生器；

（d）风速湿度仪；（e）绝缘手套充压气检测器；（f）录音笔；（g）对讲机

表 3-7 　　　　　　　　　　仪器仪表配置

序号	名称	规格/型号	单位	数量	备注
1	绝缘电阻测试仪	2500V 及以上	套	1	含电极板
2	高压验电器	10kV	个	1	
3	工频高压发生器	10kV	个	1	
4	风速湿度仪		个	1	
5	绝缘手套充压气检测器		个	1	
6	录音笔				记录作业对话用
7	对讲机		台	3	杆上杆下监护指挥用

7. 其他工具

其他工具（根据实际工况选择，线夹推荐猴头线夹）如图 3-9 所示，配置如表 3-8 所示。

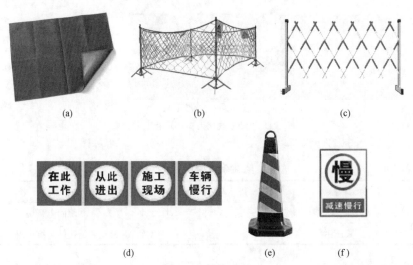

| (a) | (b) | (c) |

| (d) | (e) | (f) |

图 3-9   其他工具

（a）防潮苫布；（b）安全围栏 1；（c）安全围栏 2；（d）警告标志；（e）路障；（f）减速慢行标志

表 3-8   其他工具配置

序号	名称	规格/型号	单位	数量	备注
1	防潮苫布		块	若干	根据现场情况选择
2	个人手工工具		套	1	推荐用绝缘手工工具
3	安全围栏		组	1	
4	警告标志		套	1	
5	路障和减速慢行标志		组	1	

3.1.2 第二类作业项目（绝缘手套作业法）装备配置

第二类作业项目（绝缘手套作业法）及风险等级（Ⅳ、Ⅲ级）见表 3-9。

表 3-9 第二类作业项目（绝缘手套作业法）及风险等级（Ⅳ、Ⅲ级）

序号	类别	分类	作业方式	细类	项目	风险等级
1	带电作业	第二类	绝缘手套作业法	消缺类	普通消缺及装拆附件（包括清除异物，扶正绝缘子，修补导线及调节导线弧垂，处理绝缘子异响，拆除退役设备，更换拉线，拆除非承力线夹；加装接地环；加装或拆除接触设备套管、故障指示器、驱鸟器等）	Ⅳ
2	带电作业	第二类	绝缘手套作业法	消缺类	带电辅助加装或拆除绝缘遮蔽	Ⅳ
3	带电作业	第二类	绝缘手套作业法	设备类	带电更换避雷器	Ⅳ
4	带电作业	第二类	绝缘手套作业法	引线类	带电断引流线（包括熔断器上引线、分支线路引线、耐张杆引流线）	Ⅳ
5	带电作业	第二类	绝缘手套作业法	引线类	带电接引流线（包括熔断器上引线、分支线路引线、耐张杆引流线）	Ⅳ
6	带电作业	第二类	绝缘手套作业法	设备类	带电更换熔断器	Ⅳ
7	带电作业	第二类	绝缘手套作业法	元件类	带电更换直线杆绝缘子	Ⅳ
8	带电作业	第二类	绝缘手套作业法	元件类	带电更换直线杆绝缘子及横担	Ⅳ
9	带电作业	第二类	绝缘手套作业法	元件类	带电更换耐张杆绝缘子串	Ⅳ
10	带电作业	第二类	绝缘手套作业法	设备类	带电更换柱上开关或隔离开关	Ⅳ

1. 特种车辆和绝缘平台

特种车辆和绝缘平台如图 3-10 所示，配置如表 3-10 所示。

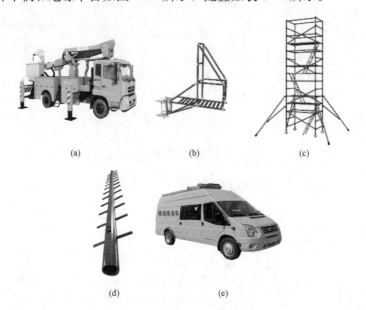

图 3-10 特种车辆和绝缘平台

（a）绝缘斗臂车；（b）绝缘平台 1（固定式平台）；（c）绝缘平台 2（绝缘脚手架）；

（d）绝缘平台 3（绝缘蜈蚣梯）；（e）移动库房车

表 3-10　　　　　　　　　　　特种车辆和绝缘平台配置

序号	名称	规格/型号	单位	数量	备注
1	绝缘斗臂车	10kV	辆	1	带绝缘外斗的工具箱
2	绝缘平台 1	10kV	个	1	固定式平台
3	绝缘平台 2	10kV	个	1	绝缘脚手架
4	绝缘平台 3	10kV	个	1	绝缘蜈蚣梯
5	移动库房车		辆	1	

2. 个人防护用具

个人防护用具如图 3-11 所示，配置如表 3-11 所示。

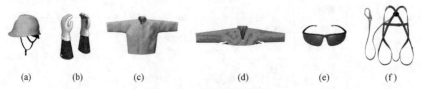

图 3-11 个人防护用具

（a）绝缘安全帽；（b）绝缘手套＋羊皮或仿羊皮保护手套；（c）绝缘服；

（d）绝缘披肩；（e）护目镜；（f）安全带

表 3-11 个人防护用具配置

序号	名称	规格/型号	单位	数量	备注
1	绝缘安全帽	10kV	顶	2	
2	绝缘手套	10kV	双	3	戴保护手套
3	绝缘服	10kV	件	2	
4	绝缘披肩	10kV	件	2	
5	护目镜		副	2	
6	安全带		副	2	有后背保护绳

3. 绝缘遮蔽用具

绝缘遮蔽用具（根据实际工况选择）如图 3-12 所示，配置如表 3-12 所示。

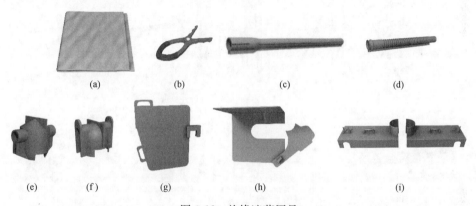

图 3-12 绝缘遮蔽用具

（a）绝缘毯；（b）绝缘毯夹；（c）导线遮蔽罩；（d）引线遮蔽罩；（e）绝缘子遮蔽罩 1；
（f）绝缘子遮蔽罩 2；（g）绝缘隔板 1（相间）；（h）绝缘隔板 2（相地）；（i）横担遮蔽罩

表 3-12 绝缘遮蔽用具配置

序号	名称	规格/型号	单位	数量	备注
1	导线遮蔽罩	10kV	根	12	
2	引线遮蔽罩	10kV	根	12	
3	绝缘子遮蔽罩	10kV	个	3	
4	绝缘毯	10kV	块	20	
5	绝缘毯夹		个	40	
6	绝缘隔板 1（相间）	10kV	个	3	定制选配
7	绝缘隔板 2（相地）	10kV	个	3	定制选配
8	横担遮蔽罩	10kV	个	1	定制选配

4. 绝缘工具

绝缘工具如图 3-13 所示，配置如表 3-13 所示。

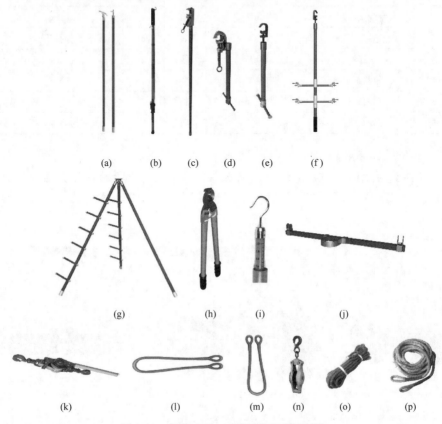

图 3-13　绝缘工具（根据实际工况选择）

（a）绝缘操作杆；（b）伸缩式绝缘锁杆（射枪式操作杆）；（c）绝缘（双头）锁杆；
（d）绝缘吊杆 1；（e）绝缘吊杆 2；（f）绝缘吊杆 3；（g）绝缘工具支架；（h）绝缘断线剪；
（i）绝缘测量杆；（j）绝缘横担；（k）绝缘紧线器；（l）绝缘绳套（长）；（m）绝缘绳套（短）；
（n）绝缘滑车；（o）绝缘传递绳 1（防潮型）；（p）绝缘传递绳 2（普通型）

表 3-13　　　　　　　　　　　　　　绝缘工具配置

序号	名称	规格/型号	单位	数量	备注
1	绝缘操作杆	10kV	个	2	
2	伸缩式绝缘锁杆	10kV	个	2	射枪式操作杆
3	绝缘（双头）锁杆	10kV	个	2	可同时锁定两根导线
4	绝缘吊杆（短）	10kV	个	3	临时固定引线
5	绝缘吊杆（长）	10kV	个	3	临时固定引线
6	绝缘工具支架		个	1	支撑绝缘操作工具
7	绝缘断线剪	10kV	个	1	

续表

序号	名称	规格/型号	单位	数量	备注
8	绝缘测量杆	10kV	个	1	
9	绝缘横担	10kV	个	1	电杆
10	绝缘紧线器	10kV	个	2	配卡线器2个
11	绝缘绳套（短）	10kV	根	3	紧线器、保护绳等
12	绝缘绳套（长）	10kV	根	2	绝缘保护绳等
13	绝缘传递绳	10kV	根	2	
14	绝缘滑车	10kV	个	1	绝缘传递绳用

5. 金属工具

金属工具如图 3-14 所示，配置如表 3-14 所示。

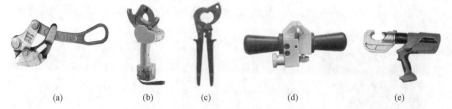

(a)　　　　(b)　　　　(c)　　　　(d)　　　　(e)

图 3-14　金属工具（根据实际工况选择）

（a）卡线器；（b）电动断线切刀；（c）棘轮切刀；（d）绝缘导线剥皮器；（e）压接用液压钳

表 3-14　　　　　　　　　　金属工具配置

序号	名称	规格/型号	单位	数量	备注
1	卡线器		个	4	
2	电动断线切刀		个	1	
3	棘轮切刀		个	1	
4	绝缘导线剥皮器		个	2	
5	压接用液压钳		个	1	

6. 仪器仪表

仪器仪表如图 3-15 所示，配置如表 3-15 所示。

(a)　　(b)　　(c)　　(d)　　(e)　　(f)　　(g)

图 3-15　仪器仪表（根据实际工况选择）

（a）绝缘电阻测试仪＋电极板；（b）高压验电器；（c）工频高压发生器；

（d）风速湿度仪；（e）绝缘手套充压气检测器；（f）录音笔；（g）对讲机

表 3-15 仪器仪表配置

序号	名称	规格/型号	单位	数量	备注
1	绝缘电阻测试仪	2500V 及以上	套	1	含电极板
2	高压验电器	10kV	个	1	
3	工频高压发生器	10kV	个	1	
4	风速湿度仪		个	1	
5	绝缘手套充压气检测器		个	1	
6	录音笔		个	2	记录作业对话用
7	对讲机		台	3	杆上杆下监护指挥用

7. 其他工具

其他工具如图 3-16 所示，配置如表 3-16 所示。

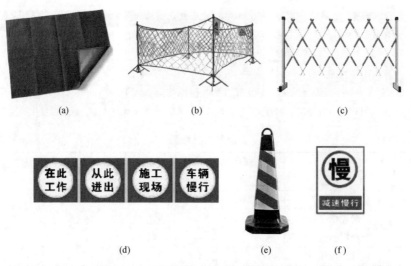

图 3-16 其他工具（根据实际工况选择）

（a）防潮苫布；（b）安全围栏 1；（c）安全围栏 2；（d）警告标志；（e）路障；（f）减速慢行标志

表 3-16 其他工具配置

序号	名称	规格/型号	单位	数量	备注
1	防潮苫布		块	若干	根据现场情况选择
2	个人手工工具		套	1	推荐用绝缘手工工具
3	安全围栏		组	1	
4	警告标志		套	1	
5	路障和减速慢行标志		组	1	

3.1.3　第三类作业项目（绝缘杆作业法/绝缘手套作业法）装备配置

第三类作业项目（绝缘杆作业法/绝缘手套作业法）及风险等级（Ⅳ、Ⅲ级）如表 3-17 所示。

表 3-17　　　　第三类作业项目（绝缘杆作业法/绝缘手套作业法）
及风险等级（Ⅳ、Ⅲ级）

序号	类别	分类	作业方式	细类	项目	风险等级
1	带电作业	第三类	绝缘杆作业法	元件类	带电更换直线杆绝缘子	Ⅳ
2	带电作业	第三类	绝缘杆作业法	元件类	带电更换直线杆绝缘子及横担	Ⅳ
3	带电作业	第三类	绝缘杆作业法	设备类	带电更换熔断器	Ⅳ
4	带电作业	第三类	绝缘手套作业法	元件类	带电更换耐张杆绝缘子串及横担	Ⅲ
5	带电作业	第三类	绝缘手套作业法	电杆类	带电组立或撤除直线电杆	Ⅲ
6	带电作业	第三类	绝缘手套作业法	电杆类	带电更换直线电杆	Ⅲ
7	带电作业	第三类	绝缘手套作业法	电杆类	带电直线杆改终端杆	Ⅲ
8	带电作业	第三类	绝缘手套作业法	设备类	带负荷更换熔断器	Ⅲ
9	带电作业	第三类	绝缘手套作业法	元件类	带负荷更换导线非承力线夹	Ⅲ
10	带电作业	第三类	绝缘手套作业法	设备类	带负荷更换柱上开关或隔离开关	Ⅲ
11	带电作业	第三类	绝缘手套作业法	电杆类	带负荷直线杆改耐张杆	Ⅲ
12	带电作业	第三类	绝缘手套作业法 绝缘杆作业法	引线类	带电断空载电缆线路与架空线路连接引线	Ⅲ
13	带电作业	第三类	绝缘手套作业法 绝缘杆作业法	引线类	带电接空载电缆线路与架空线路连接引线	Ⅲ

1. 特种车辆和绝缘平台

特种车辆和绝缘平台如图 3-17 所示，配置如表 3-18 所示。

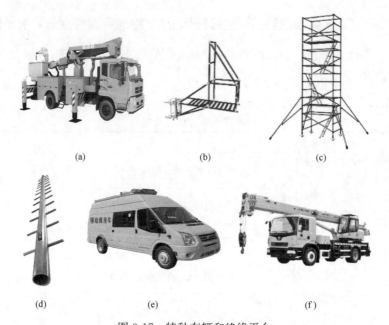

图 3-17　特种车辆和绝缘平台

（a）绝缘斗臂车；（b）绝缘平台 1（固定式平台）；（c）绝缘平台 2（绝缘脚手架）；
（d）绝缘平台 3（绝缘蜈蚣梯）；（e）移动库房车；（f）起重机

表 3-18　　　　　　　　　　　特种车辆和绝缘平台配置

序号	名称	规格/型号	单位	数量	备注
1	绝缘斗臂车	10kV	辆	2	
2	绝缘平台 1	10kV	个	1	固定式平台
3	绝缘平台 2	10kV	个	1	绝缘脚手架
4	绝缘平台 3	10kV	个	1	绝缘蜈蚣梯
5	移动库房车		辆	1	
6	起重机	8t	辆	1	不小于 8t（可租用）

2. 个人防护用具

个人防护用具如图 3-18 所示，配置如表 3-19 所示。

表 3-19　　　　　　　　　　　个人防护用具配置

序号	名称	规格/型号	单位	数量	备注
1	绝缘安全帽	10kV	顶	2	
2	绝缘手套	10kV	双	3	戴保护手套
3	绝缘服	10kV	件	2	

序号	名称	规格/型号	单位	数量	备注
4	绝缘披肩	10kV	件	2	
5	护目镜		副	2	
6	安全带		副	2	有后背保护绳
7	绝缘靴	10kV	双	3	地面电工用

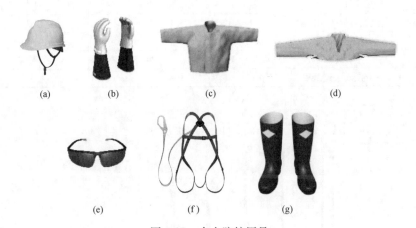

(a)　　　　(b)　　　　(c)　　　　　　(d)

(e)　　　　(f)　　　　(g)

图 3-18　个人防护用具

（a）绝缘安全帽；（b）绝缘手套＋羊皮或仿羊皮保护手套；（c）绝缘服；

（d）绝缘披肩；（e）护目镜；（f）安全带；（g）绝缘靴

3. 绝缘遮蔽用具

绝缘遮蔽用具如图 3-19 所示，配置如表 3-20 所示。

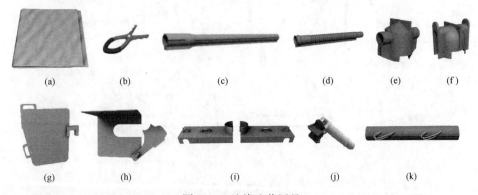

(a)　　(b)　　　(c)　　　　(d)　　　(e)　　(f)

(g)　　　(h)　　　(i)　　　(j)　　　(k)

图 3-19　绝缘遮蔽用具

（a）绝缘毯；（b）绝缘毯夹；（c）导线遮蔽罩；（d）引线遮蔽罩；

（e）绝缘子遮蔽罩 1；（f）绝缘子遮蔽罩 2；（g）绝缘隔板 1（相间）；

（h）绝缘隔板 2（相地）；（i）横担遮蔽罩；（j）导线端头遮蔽罩；（k）电杆遮蔽罩

表 3-20 绝缘遮蔽用具配置

序号	名称	规格/型号	单位	数量	备注
1	导线遮蔽罩	10kV	根	12	
2	引线遮蔽罩	10kV	根	12	
3	绝缘子遮蔽罩	10kV	个	3	
4	绝缘毯	10kV	块	20	
5	绝缘毯夹		个	40	
6	绝缘隔板1（相间）	10kV	个	3	定制选配
7	绝缘隔板2（相地）	10kV	个	3	定制选配
8	横担遮蔽罩	10kV	个	1	定制选配
9	电杆遮蔽罩	10kV	根	4	
10	导线端头遮蔽罩	10kV	个	6	

4. 绝缘工具

绝缘工具如图 3-20 所示，配置如表 3-21 所示。

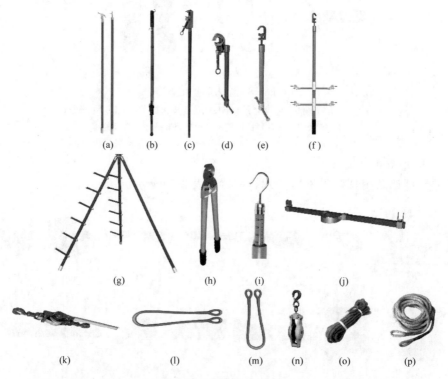

图 3-20 绝缘工具（一）

(a) 绝缘操作杆；(b) 伸缩式绝缘锁杆（射枪式操作杆）；(c) 绝缘（双头）锁杆；

(d) 绝缘吊杆1；(e) 绝缘吊杆2；(f) 绝缘吊杆3；(g) 绝缘工具支架；

(h) 绝缘断线剪；(i) 绝缘测量杆；(j) 绝缘横担；(k) 软质绝缘紧线器；(l) 绝缘保护绳（长）；

(m) 绝缘绳套（短）；(n) 绝缘滑车；(o) 绝缘传递绳1（防潮型）；(p) 绝缘传递绳2（普通型）

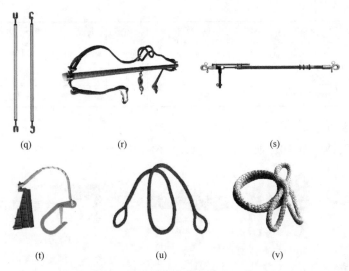

(q)　　　　　　　　(r)　　　　　　　　　　　(s)

(t)　　　　　　　　(u)　　　　　　　　　　(v)

图 3-20　绝缘工具（二）

（q）绝缘撑杆；（r）三相导线绝缘吊杆；（s）硬质绝缘紧线器；

（t）绝缘防坠绳；（u）绝缘千金绳 1（防潮型）；（v）绝缘千金绳 1（普通型）

表 3-21　　　　　　　　　　　　　绝缘工具配置

序号	名称	规格/型号	单位	数量	备注
1	绝缘操作杆	10kV	个	2	
2	伸缩式绝缘锁杆	10kV	个	2	射枪式操作杆
3	绝缘（双头）锁杆	10kV	个	2	可同时锁定两根导线
4	绝缘吊杆（短）	10kV	个	3	临时固定引线用
5	绝缘吊杆（长）	10kV	个	3	临时固定引线用
6	绝缘工具支架		个	1	支撑绝缘操作工具用
7	绝缘断线剪	10kV	个	1	
8	绝缘测量杆	10kV	个	1	
9	绝缘横担	10kV	个	1	电杆用
10	绝缘紧线器	10kV	个	2	配卡线器 2 个
11	绝缘绳套（短）	10kV	根	3	紧线器、保护绳等用
12	绝缘绳套（长）	10kV	根	2	绝缘保护绳用等
13	绝缘传递绳	10kV	根	2	
14	绝缘控制绳	10kV	根	3	
15	绝缘撑杆	10kV	根	3	支撑两相导线专用
16	绝缘吊杆	10kV	根	1	备用

续表

序号	名称	规格/型号	单位	数量	备注
17	硬质绝缘紧线器	10kV	个	6	桥接工具
18	绝缘防坠绳	10kV	个	6	临时固定引下电缆用
19	绝缘千金绳	10kV	个	2	起吊开关用千金绳

5. 金属工具

金属工具如图 3-21 所示，配置如表 3-22 所示。

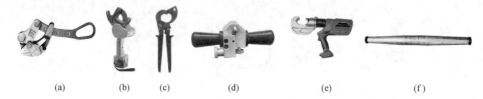

(a)　　　　(b)　　(c)　　　　(d)　　　　(e)　　　　(f)

图 3-21　金属工具（根据实际工况选择）

(a) 卡线器；(b) 电动断线切刀；(c) 棘轮切刀；

(d) 绝缘导线剥皮器；(e) 液压钳；(f) 专用快速接头

表 3-22　　　　　　　　　　　金属工具配置

序号	名称	规格/型号	单位	数量	备注
1	卡线器		个	4	
2	电动断线切刀		个	1	
3	棘轮切刀		个	1	
4	绝缘导线剥皮器		个	2	
5	液压钳		个	1	
6	专用快速接头		个	6	桥接工具

6. 旁路设备

旁路设备如图 3-22 所示，旁路设备配置如表 3-23 所示。

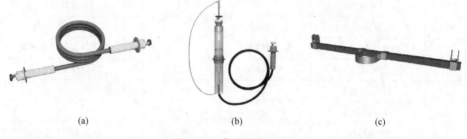

(a)　　　　　　　　　　(b)　　　　　　　　　　(c)

图 3-22　旁路设备（一）

(a) 绝缘引流线＋旋转式紧固手柄；(b) 带消弧开关的绝缘引流线；(c) 引流线支架

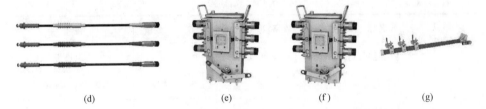

| (d) | (e) | (f) | (g) |

图 3-22 旁路设备（二）

（d）旁路引下电缆；（e）旁路负荷开关分闸位置；（f）旁路负荷开关合闸位置；（g）余缆支架

表 3-23 **旁路设备配置**

序号	名称	规格/型号	单位	数量	备注
1	绝缘引流线	10kV	个	3	根据实际情况选择个数
2	绝缘引流线支架	10kV	根	1	绝缘横担（备用）
3	旁路引下电缆	10kV，200A	组	2	黄绿红3根1组，15m
4	旁路负荷开关	10kV，200A	台	1	带核相装置/安装抱箍
5	余缆支架		根	2	含电杆安装带

7. 仪器仪表

仪器仪表如图 3-23 所示，配置如表 3-24 所示。

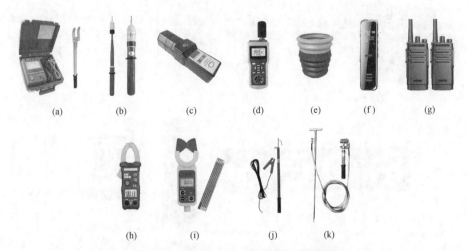

| (a) | (b) | (c) | (d) | (e) | (f) | (g) |

| (h) | (i) | (j) | (k) |

图 3-23 仪器仪表（根据实际工况选择）

（a）绝缘电阻测试仪＋电极板；（b）高压验电器；（c）工频高压发生器；

（d）风速湿度仪；（e）绝缘手套充压气检测器；（f）录音笔；（g）对讲机；

（h）钳形电流表1（手持式）；（i）钳形电流表2（绝缘杆式）；（j）放电棒；（k）接地棒＋接地线

表 3-24   仪器仪表配置

序号	名称	规格/型号	单位	数量	备注
1	绝缘电阻测试仪	2500V 及以上	套	1	含电极板
2	钳形电流表	高压	个	1	推荐绝缘杆式
3	高压验电器	10kV	个	1	
4	工频高压发生器	10kV	个	1	
5	风速湿度仪		个	1	
6	绝缘手套充压气检测器		个	1	
7	录音笔	便携高清降噪			记录作业对话用
8	对讲机	户外无线手持	台	3	杆上杆下监护指挥用
9	放电棒		个	1	带接地线
10	接地棒＋接地线		个	2	

8. 其他工具和材料

其他工具如图 3-24 所示，配置如表 3-25 所示。

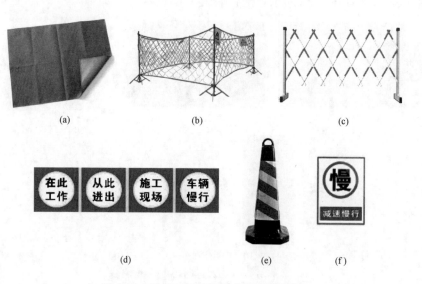

(a)   (b)   (c)

(d)   (e)   (f)

图 3-24 其他工具（根据实际工况选择）

（a）防潮苫布；（b）安全围栏 1；（c）安全围栏 2；

（d）警告标志；（e）路障；（f）减速慢行标志

表 3-25　　　　　　　　　　其他工具配置

序号		名称	规格/型号	单位	数量	备注
1	其他工具	防潮苫布		块	若干	根据现场情况选择
2		个人手工工具		套	1	推荐用绝缘手工工具
3		安全围栏		组	1	
4		警告标志		套	1	
5		路障和减速慢行标志		组	1	
6	材料	绝缘自粘带		卷	若干	恢复绝缘用
7		清洁纸和硅脂膏		个	若干	清洁和涂抹接头用

3.1.4　第四类作业项目（绝缘手套作业法/综合不停电作业法）装备配置

第四类作业项目（绝缘手套作业法/综合不停电作业法）及风险等级（Ⅳ、Ⅲ级）如表 3-26 所示。

表 3-26　　　　第四类作业项目（绝缘手套作业法/综合不停电
作业法）及风险等级（Ⅳ、Ⅲ级）

序号	类别	分类	作业方式	细类	项目	风险等级
1	带电作业	第四类	绝缘手套作业法	设备类	带负荷直线杆改耐张杆并加装柱上开关或隔离开关	Ⅲ
2	旁路作业	第四类	综合不停电作业	旁路类	不停电更换柱上变压器	Ⅲ
3	旁路作业	第四类	综合不停电作业	旁路类	旁路作业检修架空线路	Ⅲ
4	旁路作业	第四类	综合不停电作业	旁路类	旁路作业检修电缆线路	Ⅲ
5	旁路作业	第四类	综合不停电作业	旁路类	旁路作业检修环网柜	Ⅲ
6	旁路作业	第四类	综合不停电作业	取电类	从环网柜（架空线路）等设备临时取电给环网柜后移动箱变供电	Ⅲ

1. 特种车辆

特种车辆如图 3-25 所示，配置如表 3-27 所示。

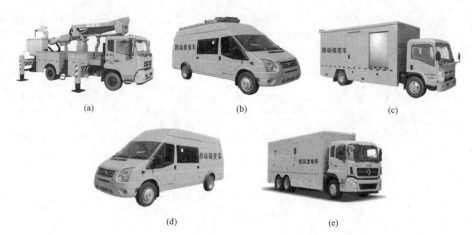

图 3-25　特种车辆

（a）绝缘斗臂车；（b）移动库房车；（c）移动箱变车 1；（d）移动箱变车 2；（e）低压发电车

表 3-27　　　　　　　　　　　　　**特种车辆配置**

序号	名称	规格/型号	单位	数量	备注
1	绝缘斗臂车	10kV	辆	2	
2	移动库房车		辆	1	
3	移动箱变车	10/0.4kV	辆	1	配套高（低）压电缆
4	低压发电车	0.4kV	辆	1	备用

2. 个人防护用具

个人防护用具如图 3-26 所示，配置如表 3-28 所示。

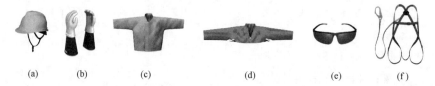

（a）　　　（b）　　　　　　（c）　　　　　　（d）　　　　　　（e）　　　　　（f）

图 3-26　个人防护用具

（a）绝缘安全帽；（b）绝缘手套＋羊皮或仿羊皮保护手套；（c）绝缘服；

（d）绝缘披肩；（e）护目镜；（f）安全带

表 3-28　　　　　　　　　　　　**个人防护用具配置**

序号	名称	规格/型号	单位	数量	备注
1	绝缘安全帽	10kV	顶	2	杆上电工用
2	绝缘手套	10kV	双	4	戴保护手套
3	绝缘披肩（绝缘服）	10kV	件	2	根据现场情况选择
4	护目镜		副	2	
5	安全带		副	2	有后背保护绳

3. 绝缘遮蔽用具

绝缘遮蔽用具如图 3-27 所示，配置如表 3-29 所示。

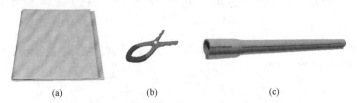

(a)   (b)   (c)

图 3-27   绝缘遮蔽用具（根据实际工况选择）

（a）绝缘毯；（b）绝缘毯夹；（c）导线遮蔽罩

表 3-29 　　　　　　　　　　**绝缘遮蔽用具配置**

序号	名称	规格/型号	单位	数量	备注
1	导线遮蔽罩	10kV	根	6	不少于配备数量
2	绝缘毯	10kV	块	6	不少于配备数量
3	绝缘毯夹		个	12	不少于配备数量

4. 绝缘工具和金属工具

绝缘工具和金属工具如图 3-28 所示，配置如表 3-30 所示。

(a)   (b)   (c)   (d)   (e)

图 3-28   绝缘工具和金属工具（根据实际工况选择）

（a）绝缘操作杆；（b）绝缘防坠绳；（c）绝缘防坠绳绝缘传递绳 1（防潮型）；

（d）绝缘传递绳 2（普通型）；（e）绝缘导线剥皮器（金属工具）

表 3-30 　　　　　　　　　　**绝缘工具和金属工具配置**

序号	名称	规格/型号	单位	数量	备注
1	绝缘操作杆	10kV	个	2	拉合开关用
2	绝缘防坠绳	10kV	个	6	临时固定引下电缆用
3	绝缘传递绳	10kV	个	2	起吊引下电缆（备）用
4	绝缘导线剥皮器		个	2	

5. 旁路设备

旁路设备及 0.4kV 旁路设备如图 3-29 和图 3-30 所示，配置见表 3-31。

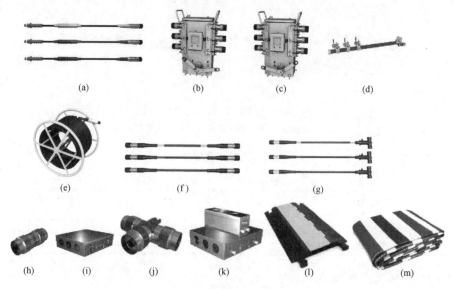

图 3-29　旁路设备

(a) 旁路引下电缆；(b) 旁路负荷开关（分闸位置）；(c) 旁路负荷开关（合闸位置）；
(d) 余缆支架；(e) 高压旁路柔性电缆盘；(f) 高压旁路柔性电缆；(g) T 型接头旁路辅助电缆；
(h) 快速插拔直通接头；(i) 直通接头保护架；(j) 快速插拔 T 型接头；(k) T 型接头保护架；
(l) 电缆过路保护板；(m) 彩条防雨布

表 3-31　　　　　　　　　　　旁路设备配置

序号	名称	规格/型号	单位	数量	备注
1	旁路负荷开关	10kV，200A	台	2	带核相装置（备用）
2	旁路柔性电缆	10kV，200A	组	若干	黄绿红 3 根 1 组，50m
3	T 型接头旁路辅助电缆	10kV，200A	组	3	黄绿红 3 根 1 组
4	快速插拔直通接头	10kV，200A	个	若干	带接头保护盒
5	快速插拔 T 型接头	10kV，200A	个	1	带接头保护盒
6	电缆过路保护板		个	若干	根据现场情况选用
7	电缆保护盒或彩条防雨布		m	若干	根据现场情况选用
8	旁路引下电缆	10kV，200A	组	1	黄绿红 3 根 1 组，15m
9	余缆支架		根	2	含电杆安装带
10	高压旁路柔性电缆	10kV，200A	组	若干	黄绿红 3 根 1 组，50m

续表

序号	名称	规格/型号	单位	数量	备注
11	低压旁路柔性电缆	0.4kV	组	1	黄绿红黑4根1组
12	配套专用接头		组	1	低压旁路柔性电缆用
13	400V快速连接箱	0.4kV	台	1	备用
14	电缆保护盒或彩条防雨布		m	若干	根据现场情况选用

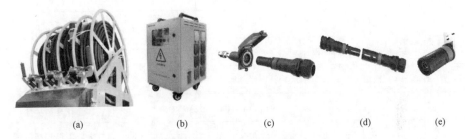

图 3-30　0.4kV 旁路设备

（a）低压旁路柔性电缆；（b）400V 快速连接箱；（c）低压旁路电缆快速接入箱用专用快速接头；
（d）低压旁路电缆用专用快速接头；（e）低压输出端母排专用快速接头

6. 仪器仪表

仪器仪表如图 3-31 所示，配置如表 3-32 所示。

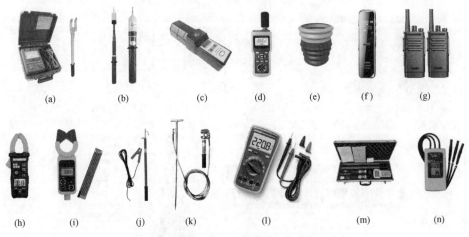

图 3-31　仪器仪表（根据实际工况选择）

（a）绝缘电阻测试仪＋电极板；（b）高压验电器；（c）工频高压发生器；
（d）风速湿度仪；（e）绝缘手套充压气检测器；（f）录音笔；（g）对讲机；
（h）钳形电流表1（手持式）；（i）钳形电流表2（绝缘杆式）；（j）放电棒；
（k）接地棒＋接地线；（l）万用表；（m）便携式核相仪；（n）相序表

表 3-32 仪器仪表配置

序号	名称	规格/型号	单位	数量	备注
1	绝缘电阻测试仪	2500V 及以上	套	1	含电极板
2	钳形电流表	高压	个	1	推荐绝缘杆式
3	高压验电器	10kV	个	1	
4	工频高压发生器	10kV	个	1	
5	风速湿度仪		个	1	
6	绝缘手套充压气检测器		个	1	
7	核相工具		套	1	根据现场设备选配
8	录音笔	便携高清降噪			记录作业对话用
9	对讲机	户外无线手持	台	3	杆上杆下监护指挥用
10	放电棒		个	1	带接地线
11	接地棒和接地线		个	2	

7. 其他工具

其他工具如图 3-32 所示，配置如表 3-33 所示。

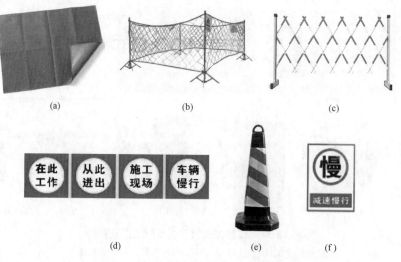

(a)   (b)   (c)

(d)   (e)   (f)

图 3-32 其他工具（根据实际工况选择）

(a) 防潮苫布；(b) 安全围栏 1；(c) 安全围栏 2；

(d) 警告标志；(e) 路障；(f) 减速慢行标志

表 3-33   其他工具配置

序号	名称	规格/型号	单位	数量	备注
1	防潮苫布		块	若干	根据现场情况选择
2	个人手工工具		套	1	推荐用绝缘手工工具
3	安全围栏		组	1	
4	警告标志		套	1	
5	路障和减速慢行标志		组	1	

3.2 作业装备试验环节管控

装备性能的好坏直接影响到作业人员的生命安全，试验是守牢装备安全的第一关，是保证装备"健康上岗"的唯一途径，作业装备入库前、使用前、使用中必须按规定进行试验，确保作业安全，筑牢装备安全屏障。

3.2.1 预防性试验要求

（1）按照 Q/GDW 10799.8—2023《国家电网有限公司电力安全工作规程 第8部分：配电部分》11.7.1、11.8.3、11.8.4 的规定，有：

1）绝缘斗臂车应根据 DL/T 854—2017《带电作业用绝缘斗臂车使用导则》定期检查。其中，绝缘斗臂车的电气预防性试验包括绝缘内斗的层向耐压和沿面闪络试验、外斗的沿面闪络试验、绝缘臂的工频耐压试验、整车的工频试验以及内斗、外斗、绝缘臂、整车的泄漏电流试验。绝缘工作斗性能要求、绝缘臂绝缘性能要求见表 3-34、表 3-35。

表 3-34   绝缘工作斗性能要求

试验部件	试验项目					
	定型/型式/出厂试验			预防性试验		
	层向耐压	沿面闪络	泄漏电流	层向耐压	沿面闪络	泄漏电流
绝缘内斗	50kV，1min	0.4m，50kV，1min	0.4m，20kV，小于等于200μA	45kV，1min	0.4m，45kV，1min	0.4m，20kV，小于等于200μA
绝缘外斗	20kV，5min	0.4m，50kV，1min	0.4m，20kV，小于等于200μA	—	0.4m，45kV，1min	0.4m，20kV，小于等于200μA

注 1. 层向耐压、沿面闪络试验过程中应无击穿、闪络、严重发热（温升容限10℃）现象。
    2. "—"表示不必检测项目。

表 3-35 绝缘臂绝缘性能要求

试验部件	试验项目					
	定型/型式试验		出厂试验		预防性试验	
	工频耐压	泄漏电流	工频耐压	泄漏电流	工频耐压	泄漏电流
绝缘臂	0.4m,100kV,1min	0.4m,20kV,小于等于200μA	0.4m,50kV,1min	0.4m,20kV,小于等于200μA	0.4m,45kV,1min	0.4m,20kV,小于等于200μA

注　工频耐压试验过程中应无击穿、闪络、严重发热（温升容限10℃）现象。

2）带电作业工器具试验应符合 DL/T 976—2017《带电作业工具、装置和设备预防性试验规程》的要求。其中，绝缘工具的电气预防性试验标准为：试验长度 0.4m，加压 45kV，时间为 1min，试验周期为 12 个月。工频耐压试验以无击穿、闪络及过热为合格。

3）带电作业遮蔽和防护用具试验应符合 GB/T 18857—2019《配电线路带电作业技术导则》的要求。其中，绝缘防护用具和绝缘遮蔽用具的电气预防性试验标准为：试验电压为 20kV，时间为 1min，试验周期为 6 个月。试验中试品应无击穿、闪络、发热。

（2）按照国家电网有限公司《配网不停电作业工器具、装置和设备试验管理规范（试行）》(第十三条 预防性试验要求）的规定：

1）个人安全防护用具电气试验一年两次，试验周期为 6 个月。

2）绝缘遮蔽用具电气试验一年两次，试验周期为 6 个月。

3）绝缘工器具电气试验一年一次，机械试验一年一次。

4）金属工器具机械试验两年一次。

5）绝缘斗臂车电气试验和机械试验一年一次，试验周期不超过 12 个月。

6）10kV 旁路作业设备电气试验一年一次，10kV 带电作业用消弧开关电气试验一年两次，试验周期 6 个月。

7）自制或改装以及主要部件更换或检修后的绝缘工器具、车辆等，如对绝缘性能存在疑问，可适当调整或缩短试验周期。

3.2.2　交接试验要求

按照国家电网有限公司《配网不停电作业工器具、装置和设备试验管理规范（试行）》第十四条交接试验要求的规定：

（1）交接试验项目依据工器具采购合同、招标技术规范书要求进行。

（2）具备交接试验条件的各省（自治区、直辖市）公司可自行组织本单位工器具的交接验收工作。

（3）不具备交接试验条件的各省（自治区、直辖市）公司可委托中国电科院或由中国电科院指定其他各省（自治区、直辖市）公司试验机构进行交接验收。

（4）绝缘斗臂车等重要装备的交接试验由各省（自治区、直辖市）公司委托中国电科院进行。

3.2.3 试验机构

按照国家电网有限公司《配网不停电作业工器具、装置和设备试验管理规范（试行）》第四章试验机构的规定：

（1）各省（自治区、直辖市）公司不停电作业工器具预防性试验一般由省电科院承担。

（2）省电科院不具备承担不停电作业工器具预防性试验能力时，应逐步开展能力建设，期间可委托中国电科院或各省（自治区、直辖市）公司认定的第三方试验机构承担。

3.2.4 资料管理

按照国家电网有限公司《配网不停电作业工器具、装置和设备试验管理规范（试行）》第六章资料管理的规定：

（1）试验机构应具备下列相关技术资料和记录：国家有关法律法规和国家、行业及公司不停电作业工器具试验相关标准、规程、制度、规定；不停电作业工器具专用检测仪器计量检定报告。

（2）各带电作业室（班组）应妥善保管不停电作业工器具试验记录，实现标准化、数字化管理，并符合以下要求：保存两年；记录完整、准确，并与现场实际相符合。

3.3 作业装备保管环节管控

3.3.1 库房要求

（1）工器具、车辆等装备库房应符合 DL/T 974—2018《带电作业用工具库房》的要求，包括除湿设施、干燥加热设施、降温设施、通风设施、报警设施以及库房信息管理系统等。只存放非绝缘工具的库房可不做温度、湿度要求配置。

（2）库房配置的信息管理系统应能对库房环境状态进行实时测控，并对工具贮存状况、出入库信息、领用手续、试验等信息进行全寿命周期过程管理。

（3）绝缘斗臂车专用库房配置温度宜为 5～40℃，湿度不宜大于 60%。

移动箱变车、旁路电缆车、移动开关柜车、移动环网柜车、中压发电车、低压发电车等建议在专用库房存放，可不做温度、湿度要求配置。

3.3.2 保管要求

按照 Q/GDW 10520—2016《10kV 配网不停电作业规范》、DL/T 974—2018《带电作业用工具库房》等标准的规定，工器具、车辆等装备保管包括硬质绝缘工具、软质绝缘工具、绝缘遮蔽用具、绝缘防护用具、旁路电缆及连接器、旁路负荷开关、检测仪器、金属工器具、绝缘斗臂车、移动箱变车、移动发电车、旁路作业车等。针对库房保管要求如下：

（1）应设专人保管，从入库、领用、保存、试验、使用，直至报废实行全寿命周期过程管理，保持完好的待用状态，库房及保管符合 DL/T 974—2018《带电作业用工具库房》的要求。

（2）应有唯一的永久编号。应建立工器具台账，包括名称、编号、购置日期、有效期限、适用电压等级、试验记录等内容。台账应与试验报告、试验合格证一致。

（3）使用专用工具柜时，专用工具柜应具有通风、除湿等功能且配备温度表、湿度表。

（4）使用带电作业工具专用库房车（移动库房车）时，专用库房车应按照带电作业用工具库房及带电作业用工具车标准执行，配置烘干除湿设备、温湿自动控制系统，专车专用。

3.4 作业装备使用环节管控

3.4.1 出库要求

（1）领用工器具、车辆等装备应核对电压等级和试验周期，检查外观完好无损，填写出入库记录出库。

（2）运输工器具应装在专用工具袋、工具箱或专用工具车内，以防受潮和损伤。

（3）车辆出车前，应全面检查车辆状况，按交通规则驾驶以确保行车安全。

3.4.2 使用要求

作业装备主要用于绝缘杆作业法、绝缘手套作业法以及综合不停电作业（旁路作业），下面就其三种作业方法中的装备使用要求说明如下：

1. 绝缘杆作业法

（1）进入作业现场使用的工器具应分区摆放在防潮的帆布上或绝缘垫上。

（2）按照人员分工擦拭工器具并检查其外观完好无损，绝缘工具绝缘电阻值检测不低于 700MΩ，脚口、安全带冲击试验结果为安全，其他检测符合要求。

（3）杆上电工登杆作业应正确使用有后备保护绳的安全带，到达安全作业工位后（远离带电体保持足够的安全作业距离），应将个人使用的后备保护绳安全可靠地固定在电杆合适的位置上。

（4）杆上电工在电杆或横担上悬挂（拆除）绝缘传递绳时，应使用绝缘操作杆在确保安全作业距离的前提下进行。

（5）采用绝缘杆作业法（登杆）作业时，杆上电工应正确穿戴绝缘防护用具（绝缘安全帽、绝缘手套、绝缘服或绝缘披肩、护目镜），做好人身安全防护工作。

（6）个人绝缘防护用具使用前必须进行外观检查，绝缘手套使用前必须进行充（压）气检测，确认合格后方可使用。带电作业过程中，禁止摘下绝缘防护用具。

（7）使用支、拉、紧、吊等绝缘操作工具以及专用工器具时，应掌握其正确操作方法，相互配合使用是其主要的作业手段。

（8）杆上电工作业过程中，包括设置（拆除）绝缘遮蔽（隔离）用具的作业中，站位选择应合适，在不影响作业的前提下，应确保人体远离带电体，以及手持绝缘操作杆的有效绝缘长度不小于 0.7m，人体与带电体保持足够的安全作业距离。

2. 绝缘手套作业法

（1）进入作业现场使用的工器具应分区摆放在防潮的帆布上或绝缘垫上。

（2）按照人员分工擦拭工器具并检查外观完好无损，绝缘工具绝缘电阻值检测不低于 700MΩ，安全带冲击试验检测安全，其他检测符合要求，车辆检查工作正常。

（3）绝缘斗臂车支撑牢固后将车体可靠接地，擦拭并外观检查绝缘斗臂车的绝缘斗和绝缘臂外观完好无损，空斗试操作运行正常（升降、伸缩、回转等）。作业中绝缘斗臂车的绝缘臂伸出的有效长度应不小于1m。

（4）进入绝缘斗内的作业人员必须穿戴个人绝缘防护用具（绝缘安全帽、绝缘手套、绝缘服或绝缘披肩、护目镜），做好人身安全防护工作。使用的安全带应有良好的绝缘性能，起臂前安全带保险钩必须挂在斗内专用挂钩上。

（5）个人绝缘防护用具使用前必须进行外观检查，绝缘手套使用前必须进行充（压）气检测，确认合格后方可使用。带电作业过程中，禁止摘下绝缘防护用具。

(6) 作业前应进行风速和湿度测量符合条件,进入带电作业区域前应检测验电确认无漏电现象,对带电作业中可能触及的带电体和接地体设置绝缘遮蔽(隔离)措施时,绝缘遮蔽(隔离)的范围应比作业人员活动范围增加0.4m以上,绝缘遮蔽用具之间的重叠部分不得小于150mm,绝缘遮蔽措施应严密牢固。

(7) 斗内电工按照从近到远、从下到上或先外侧(近边相和远边相)后内侧(中间相)的顺序依次进行同相绝缘遮蔽(隔离)时,应严格遵循先带电体后接地体的原则。

(8) 斗内电工作业时严禁人体同时接触两个不同的电位体,包括在设置(拆除)绝缘遮蔽(隔离)用具的作业中,作业工位的选择应合适,在不影响作业的前提下,人身务必与带电体和接地体保持一定的安全距离,以防斗内电工作业过程中人体串入电路。绝缘斗内双人作业时,禁止同时在不同相或不同电位作业。

(9) 使用支、拉、紧、吊等绝缘操作工具以及专用工器具时,应掌握其正确的操作方法,相互配合使用是其主要的作业手段。

(10) 斗内电工按照从远到近、从上到下或先内侧(中间相)后外侧(近边相和远边相)的顺序依次拆除同相绝缘遮蔽(隔离)用具时,应严格遵循先接地体后带电体的原则。

3. 综合不停电作业法(旁路作业)

(1) 采用旁路作业时,必须确认线路负荷电流小于旁路系统额定电流,旁路作业中使用的旁路设备必须满足最大负荷电流要求(200A),旁路设备可靠接地。

(2) 带电安装(拆除)高压旁路引下电缆前,必须确认(电源侧和负荷侧)旁路负荷开关处于"分"闸状态并可靠闭锁。

(3) 带电安装(拆除)高压旁路引下电缆时,必须是在作业范围内的带电体(导线)完全绝缘遮蔽的前提下进行,起吊高压旁路引下电缆时应使用小吊臂缓慢进行。

(4) 带电接入旁路引下电缆时,必须确保旁路引下电缆的相色标记黄、绿、红与高压架空线路的相位标记A(黄)、B(绿)、C(红)保持一致。接入的顺序依次是远边相、中间相和近边相导线,拆除的顺序相反。

(5) 高压旁路引下电缆与旁路负荷开关可靠连接后,在与架空导线连接前,合上旁路负荷开关检测旁路电缆回路绝缘电阻应不小于500MΩ;检测完毕、充分放电后,断开且确认旁路负荷开关处于"分闸"状态并可靠闭锁。

(6) 在起吊高压旁路引下电缆前,应事先用绝缘毯将与架空导线连接的引流线夹遮蔽好，并在其合适位置系上长度适宜的起吊绳和防坠绳。挂接高压旁路引下电缆的引流线夹时应先挂防坠绳，再拆起吊绳；拆除引流线夹时先挂起吊绳，再拆防坠绳；拆除后的引流线夹被及时用绝缘毯遮蔽好后再起吊下落。

（7）应使用绝缘操作杆拉合旁路负荷开关，旁路电缆回路投入运行后应及时锁死闭锁机构。旁路电缆回路退出运行，断开高压旁路引下电缆后，应对旁路电缆回路进行充分放电。

（8）展放旁路柔性电缆时，应在工作负责人的指挥下，由多名作业人员配合将旁路电缆整体敷设在保护槽盒内，应防止旁路柔性电缆出现扭曲和死弯现象。旁路柔性电缆展放、接续后应进行分段绑扎固定。

（9）采用地面敷设旁路柔性电缆时，沿作业路径应设安全围栏和"止步、高压危险！"标示牌，防止旁路电缆受损或行人靠近旁路电缆；在路口应采用过街保护盒或架空敷设，如需跨越道路时应采用架空敷设方式。

（10）连接旁路设备和旁路柔性电缆前，应对旁路电缆回路中的电缆接头、接口的绝缘部分进行清洁，并按规定要求均匀涂抹绝缘硅脂。

（11）旁路作业中使用的旁路负荷开关必须满足最大负荷电流要求（小于旁路系统额定电流200A），旁路开关外壳应可靠接地。

（12）采用自锁定快速插拔直通接头分段连接（接续）旁路柔性电缆终端时，应逐相将旁路柔性电缆的"同相色（黄、绿、红）"快速插拔终端可靠连接，带有分支的旁路柔性电缆终端应采用自锁定快速插拔T型接头。接续好的终端接头放置在专用铠装接头保护盒内。三相旁路柔性电缆接续完毕后应分段绑扎固定。

（13）采用螺栓式旁路电缆终端与环网柜上的套管连接时，应首先确认环网柜柜体可靠接地，接入的间隔开关在断开位置，验电后安装旁路电缆终端时应保持旁路电缆终端与套管在同一轴线上，将终端推入到位，使导体可靠连接并用螺栓紧固，再用绝缘堵头塞住。

（14）接续好的旁路柔性电缆终端与旁路负荷开关连接时应快速插拔终端接头，连接应核对分相标志，保证相位色的一致：相色"黄、绿、红"与同相位的A（黄）、B（绿）、C（红）相连。

（15）旁路系统投入运行前和恢复原线路供电前必须核相，确认相位正确方可投入运行。对低压用户临时转供的时候，也必须进行核相（相序）。恢复原线路接入主线路供电前必须符合送电条件。

（16）展放和接续好的旁路系统接入前进行绝缘电阻检测应不小于500MΩ。绝缘电阻检测完毕后，以及旁路设备拆除前、电缆终端拆除后，均应进行充分放电，用绝缘放电棒放电时，绝缘放电棒（杆）的接地应良好。

绝缘放电棒（杆）以及验电器的绝缘有效长度应不小于 0.7m。

（17）操作旁路设备开关、检测绝缘电阻、使用放电棒（杆）进行放电时，操作人员均应戴绝缘手套进行。

（18）旁路系统投入运行后，应每隔半小时检测一次回路的负载电流，监视其运行情况。在旁路柔性电缆运行期间，应派专人看守、巡视。在车辆繁忙地段还应与交通管理部门取得联系，以取得配合。夜间作业应有足够的照明。

（19）依据 GB/T 34577—2017《配电线路旁路作业技术导则》4.2.4 的规定：雨雪天气严禁组装旁路作业设备；组装完成的旁路作业设备允许在降雨（雪）条件下运行，但应确保旁路设备连接部位有可靠的防雨（雪）措施。

（20）依据 Q/GDW 10799.8—2023《国家电网有限公司电力安全工作规程　第 8 部分：配电部分》11.2.17 规定：带电、停电作业配合的项目，当带电、停电作业工序转换时，双方工作负责人应进行安全技术交接，确认无误后，方可开始工作。

（21）旁路作业中需要倒闸操作时，必须由运行操作人员严格按照《配电倒闸操作票》进行，操作过程必须由两人（一人监护，一人操作）进行作业，并执行唱票制。操作机械传动的断路器（开关）或隔离开关（刀闸）时应戴绝缘手套。没有机械传动的断路器（开关）、隔离开关（刀闸）和跌落式熔断器，应使用合格的绝缘棒进行操作。

3.4.3　入库要求

（1）现场工作结束后，工器具清点、清洁后装入专用工具袋、工具箱或专用工具库房车内返回库房。

（2）工器具、车辆等装备入库前外观检查应完好无损，填写出入库记录方可入库，工器具应分区分类地摆放在原位置。发现工器具受潮或表面损伤、脏污时，应及时处理，使用前应经试验或检测合格。

4 作业项目流程管控（管项目控流程）

作业项目流程管控包括作业前的准备阶段、现场准备阶段、现场作业阶段、作业后的终结阶段。下面以配网不停电作业常用项目为例说明其作业流程管控。

4.1 第一类作业项目流程管控

4.1.1 绝缘杆作业法（登杆作业）带电断熔断器上引线工作

本流程管控适用于如图 4-1 所示的直线分支杆（有熔断器，导线三角排列），采用绝缘杆作业法（登杆作业）带电断熔断器上引线工作。

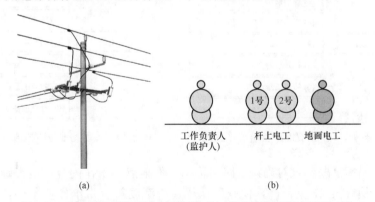

图 4-1 采用绝缘杆作业法（登杆作业）带电断熔断器上引线工作
(a) 杆头外形图；(b) 人员分工示意图

（1）作业前的准备阶段，流程图如图 4-2 所示。

1）接受任务：明确工作地点、工作内容、计划工作时间等。

2）现场勘察：工作负责人或工作票签发人组织勘察工作，根据勘察结果确定作业方法、所需工具以及应采取的措施，《现场勘察记录》作为填写、签发《工作票》及编写《作业指导书（卡）》等的依据；开工前工作负责人应重新核对现场勘察情况，确认无变化后方可开工。

3）编写《作业指导书（卡）》：工作负责人编写《作业指导卡（或作业指导书）》，并由编写人、审核人、审批人签名确认后生效。

4）填写《工作票》：工作负责人填写《工作票》，工作票签发人签发生效后，一份送至工作许可人处，一份由工作负责人收执并始终持票；如工作票实行"双签发"时，双方工作票负责人分别签发、各自承担相应的安全责任。

5）召开班前会：工作负责人组织学习《作业指导书（卡）》，明确作业方法、人员分工、工作职责、安全措施、作业步骤等，并填写《现场安全交底卡》。

6）领用工器具：核对工器具电压等级和试验周期、外观完好无损，办理出入库清单并签字确认，装箱、装袋、装车并准备运输。

7）召开出车会：检查作业车辆是否合格，工器具、材料是否齐全，作业人员着装是否统一及身体状况和精神状态是否正常，确认准备工作就绪后司乘人员安全出车。

（2）现场准备阶段，流程图如图4-3所示。

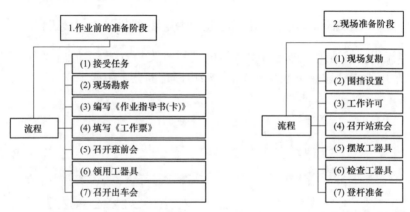

图4-2 作业前的准备阶段流程图   图4-3 现场准备阶段流程图

1）现场复勘：核对确认线路名称、工作地点、工作内容，检查确认现场装置、环境符合作业条件，检查确认风速、湿度符合带电作业条件，检查工作票所列安全措施。

2）围挡设置：装设"在此工作、从此进出！"警示围栏，悬挂"止步，高压危险！"警示标示牌，设置"前方施工，请慢行"警示路障/导向牌，增设临时交通疏导人员并且人员均穿反光衣。

3）工作许可：工作负责人申请工作许可，记录许可方式、工作许可人、工作许可时间并签名确认。

4）召开站班会：工作负责人列队宣读《工作票》，进行工作任务交底、安全措施交底、危险点告知，检查确认工作班成员精神状态良好，确认工作班成员安全交底知晓的签名，记录工作时间并签名确认，填写《安全交底卡》并签名确认。

5）摆放工器具：工器具分类摆放在防潮帆布上。

6）检查工器具：核对工器具试验合格周期，检查工器具外观，绝缘工具绝缘电阻检测不小于 $700\mathrm{M}\Omega$，对绝缘手套应做充压气检测且检测结果不漏气，对安全带、脚扣做冲击试验且试验结果应合格。

7）登杆准备：杆上电工登杆前必须穿戴好个人防护用具（绝缘安全帽、绝缘手套、绝缘服或披肩、护目镜、安全带等），杆上电工登杆时必须先系好安全围带，杆上 1 号电工到达工位后 2 号电工开始登杆。

（3）现场作业阶段，流程图如图 4-4 所示。

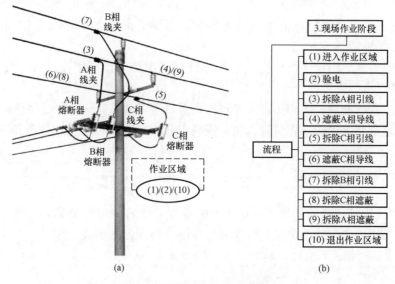

图 4-4　现场作业阶段流程图
（a）步骤示意图；（b）操作流程图

1）进入作业区域：登杆至合适位置，在电杆上系好后备保护绳，杆上电工至少与带电体距离不小于 0.4m。

2）验电：杆上电工使用高压验电器进行验电并确认无漏电现象，杆上电工使用绝缘杆在横担上挂好绝缘传递绳。

3）拆除 A 相引线：遵照《作业指导书（卡）》操作。

4）遮蔽 A 相导线：遵照《作业指导书（卡）》操作。

5）拆除 C 相引线：遵照《作业指导书（卡）》操作。

6）遮蔽 C 相导线：遵照《作业指导书（卡）》操作。

7）拆除 B 相引线：遵照《作业指导书（卡）》操作。

8）拆除 C 相遮蔽：遵照《作业指导书（卡）》操作。

9）拆除 A 相遮蔽：遵照《作业指导书（卡）》操作。

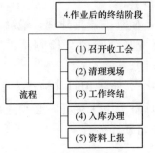

图 4-5　作业后的终结阶段流程图

10）退出作业区域：杆上电工检查施工质量并确认工作已完成，杆上电工检查杆上无遗留物后返回地面。

（4）作业后的终结阶段，流程图如图 4-5 所示。

1）召开收工会：工作负责人对工作完成情况、安全措施落实情况、作业指导卡执行情况进行总结、点评。

2）清理现场：工作负责人组织班组成员整理工器具、材料，清洁后将其装箱、装袋、装车，清理现场做到工完、料尽、场地清。

3）工作终结：工作负责人向工作许可人申请工作终结，记录许可方式、工作许可人、终结报告时间并签字确认，工作结束、撤离现场。

4）入库办理：工作负责人办理工器具（车辆）入库清单并签字确认。

5）资料上报：工作负责人负责资料上报、分类归档，完成任务单并签字确认。

4.1.2　绝缘杆作业法（登杆作业）带电接熔断器上引线工作

本流程管控适用于如图 4-6 所示的直线分支杆（有熔断器，导线三角排列），采用绝缘杆作业法（登杆作业）带电接熔断器上引线工作。

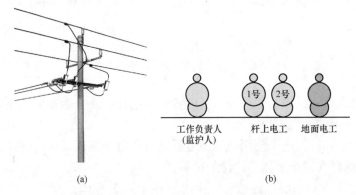

图 4-6　采用绝缘杆作业法（登杆作业）带电接熔断器上引线工作
(a) 杆头外形图；(b) 人员分工示意图

（1）作业前的准备阶段，流程图如图 4-7 所示。

1）接受任务：明确工作地点、工作内容、计划工作时间。

2）现场勘察：工作负责人或工作票签发人组织勘察工作，根据勘察结果确定作业方法、所需工具以及应采取的措施，《现场勘察记录》作为填写、签发《工作票》及编写《作业指导书（卡）》等的依据；开工前工作负责人应重新核对现场勘察情况，确认无变化后方可开工。

3）编写《作业指导书（卡）》：工作负责人编写《作业指导书（卡）》，并由编写人、审核人、审批人签名确认后生效。

4）填写《工作票》：工作负责人填写《工作票》，工作票签发人签发生效后，一份送至工作许可人

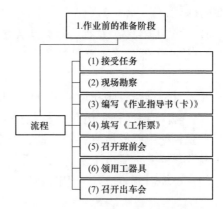

图4-7　作业前的准备阶段流程图

处，一份由工作负责人收执并始终持票；如工作票实行"双签发"时，双方工作票负责人分别签发、各自承担相应的安全责任。

5）召开班前会：工作负责人组织学习《作业指导书（卡）》，明确作业方法、人员分工、工作职责、安全措施、作业步骤等，并填写《现场安全交底卡》。

6）领用工器具：核对工器具电压等级和试验周期、外观完好无损，办理出入库清单并签字确认，装箱、装袋、装车并准备运输。

7）召开出车会：检查作业车辆合格，工器具、材料齐全，作业人员着装统一、身体状况和精神状态正常，确认准备工作就绪后司乘人员安全出车。

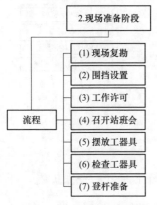

图4-8　现场准备阶段流程图

（2）现场准备阶段，流程图如图4-8所示。

1）现场复勘：核对确认线路名称、工作地点、工作内容，检查确认现场装置、环境符合作业条件，检查确认风速、湿度符合带电作业条件，检查工作票所列安全措施。

2）围挡设置：装设"在此工作、从此进出！"警示围栏，悬挂"止步，高压危险！"警示标示牌，设置"前方施工，请慢行"警示路障/导向牌，增设临时交通疏导人员并且人员均穿反光衣。

3）工作许可：工作负责人申请工作许可，记录许可方式、工作许可人、工作许可时间并签名确认。

4）召开站班会：工作负责人列队宣读《工作票》，进行工作任务交底、安全措施交底、危险点告知，检查确认工作班成员精神状态良好，确认工作班成员安全交底知晓的签名，记录工作时间并签名确认，填写《安全交底卡》

并签名确认。

5）摆放工器具：工器具分类摆放在防潮帆布上。

6）检查工器具：工器具试验合格周期核对，工器具外观检查和清洁，绝缘工具绝缘电阻检测不小于700MΩ，对绝缘手套应做充压气检测且检测结果不漏气，对安全带、脚扣做冲击试验且试验结果应合格。

7）登杆准备：杆上电工登杆前必须穿戴好个人防护用具（绝缘安全帽、绝缘手套、绝缘服或披肩、护目镜、安全带等），杆上电工登杆时必须先系好安全围带，杆上1号电工到达工位后2号电工开始登杆。

（3）现场作业阶段，流程图如图4-9所示。

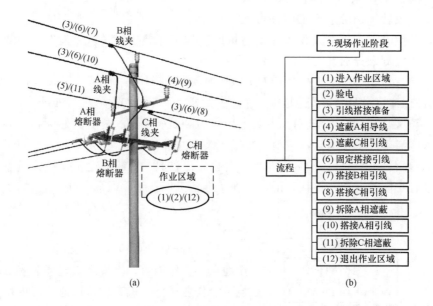

图4-9　现场作业阶段流程图

(a) 步骤示意图；(b) 操作流程图

1）进入作业区域：登杆至合适位置，在电杆上系好后备保护绳，杆上电工至少与带电体距离不小于0.4m。

2）验电：杆上电工使用高压验电器进行验电并确认无漏电现象；杆上电工使用绝缘杆在横担上挂好绝缘传递绳。

3）引线搭接准备：遵照《作业指导书（卡）》操作。

4）遮蔽A相导线：遵照《作业指导书（卡）》操作。

5）遮蔽C相引线：遵照《作业指导书（卡）》操作。

6）固定搭接引线：遵照《作业指导书（卡）》操作。

7）搭接 B 相引线：遵照《作业指导书（卡）》操作。

8）搭接 C 相引线：遵照《作业指导书（卡）》操作。

9）拆除 A 相遮蔽：遵照《作业指导书（卡）》操作。

10）搭接 A 相引线：遵照《作业指导书（卡）》操作。

11）拆除 C 相遮蔽：遵照《作业指导书（卡）》操作。

12）退出作业区域：杆上电工检查施工质量并确认工作已完成，杆上电工检查杆上无遗留物后返回地面。

（4）作业后的终结阶段，流程图如图 4-10 所示。

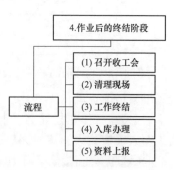

图 4-10　作业后的终结
阶段流程图

1）召开收工会：工作负责人对工作完成情况、安全措施落实情况、作业指导卡执行情况进行总结、点评。

2）清理现场：工作负责人组织班组成员整理工器具、材料，清洁后将其装箱、装袋、装车，清理现场做到工完、料尽、场地清。

3）工作终结：工作负责人向工作许可人申请工作终结，记录许可方式、工作许可人、终结报告时间并签字确认，工作结束、撤离现场。

4）入库办理：工作负责人办理工器具（车辆）入库清单并签字确认。

5）资料上报：工作负责人负责资料上报、分类归档，完成任务单并签字确认。

4.1.3　绝缘杆作业法（登杆作业）带电断分支线路引线工作

本流程管控适用于如图 4-11 所示的直线分支杆（无熔断器，导线三角排列），采用绝缘杆作业法（登杆作业）带电断分支线路引线工作。

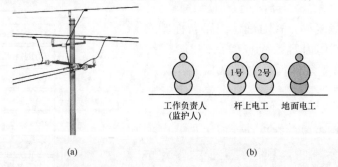

图 4-11　采用绝缘杆作业法（登杆作业）带电断分支线路引线工作

(a) 杆头外形图；(b) 人员分工示意图

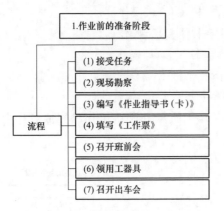

图 4-12 作业前的准备阶段流程图

（1）作业前的准备阶段，流程图如图 4-12 所示。

1）接受任务：明确工作地点、工作内容、计划工作时间等。

2）现场勘察：工作负责人或工作票签发人组织勘察工作，根据勘察结果确定作业方法、所需工具以及应采取的措施，《现场勘察记录》作为填写、签发《工作票》及编写《作业指导书（卡）》等的依据；开工前工作负责人应重新核对现场勘察情况，确认无变化后方可开工。

3）编写《作业指导书（卡）》：工作负责人编写《作业指导书（卡）》，并由编写人、审核人、审批人签名确认后生效。

4）填写《工作票》：工作负责人填写《工作票》，工作票签发人签发生效后，一份送至工作许可人处，一份由工作负责人收执并始终持票；如工作票实行"双签发"时，双方工作票负责人分别签发、各自承担相应的安全责任。

5）召开班前会：工作负责人组织学习《作业指导书（卡）》，明确作业方法、人员分工、工作职责、安全措施、作业步骤等，并填写《现场安全交底卡》。

6）领用工器具：核对工器具电压等级和试验周期、外观完好无损，办理出入库清单并签字确认，装箱、装袋、装车并准备运输。

7）召开出车会：检查作业车辆合格，工器具、材料齐全，作业人员着装统一、身体状况和精神状态正常，确认准备工作就绪后司乘人员安全出车。

（2）现场准备阶段，流程图如图 4-13 所示。

1）现场复勘：核对确认线路名称、工作地点、工作内容，检查确认现场装置、环境符合作业条件，检查确认风速、湿度符合带电作业条件，检查工作票所列安全措施。

2）围挡设置：装设"在此工作、从此进出！"警示围栏，悬挂"止步，高压危险！"警示标示牌，设置"前方施工，请慢行"警示路障/导向牌，增设临时交通疏导

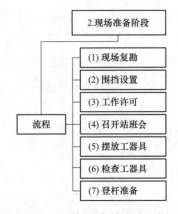

图 4-13 现场准备阶段流程图

人员并且人员均穿反光衣。

3）工作许可：工作负责人申请工作许可，记录许可方式、工作许可人、工作许可时间并签名确认。

4）召开站班会：工作负责人列队宣读《工作票》，进行工作任务交底、安全措施交底、危险点告知，检查确认工作班成员精神状态良好，确认工作班成员安全交底知晓的签名，记录工作时间并签名确认，填写《安全交底卡》并签名确认。

5）摆放工器具：工器具分类摆放在防潮帆布上。

6）检查工器具：工器具试验合格周期核对，工器具外观检查和清洁，绝缘工具绝缘电阻检测不小于 $700\mathrm{M}\Omega$，对绝缘手套应做充压气检测且检测结果不漏气，对安全带、脚扣做冲击试验且试验结果应合格。

7）登杆准备：杆上电工登杆前必须穿戴好个人防护用具（绝缘安全帽、绝缘手套、绝缘服或披肩、护目镜、安全带等），杆上电工登杆时必须先系好安全围带，杆上 1 号电工到达工位后 2 号电工开始登杆。

（3）现场作业阶段，流程图如图 4-14 所示。

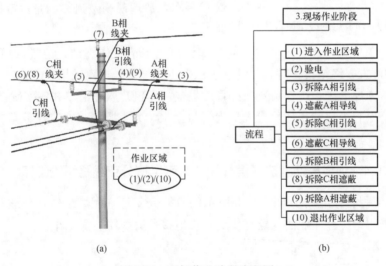

(a)   (b)

图 4-14　现场作业阶段流程图

（a）步骤示意图；（b）操作流程图

1）进入作业区域：登杆至合适位置，在电杆上系好后备保护绳，杆上电工至少与带电体距离不小于 0.4m。

2）验电：杆上电工使用高压验电器进行验电并确认无漏电现象，杆上电工使用绝缘杆在横担上挂好绝缘传递绳。

3）拆除 A 相引线：遵照《作业指导书（卡）》操作。

4）遮蔽 A 相导线：遵照《作业指导书（卡）》操作。

5）拆除 C 相引线：遵照《作业指导书（卡）》操作。

6）遮蔽 C 相导线：遵照《作业指导书（卡）》操作。

7）拆除 B 相引线：遵照《作业指导书（卡）》操作。

8）拆除 C 相遮蔽：遵照《作业指导书（卡）》操作。

9）拆除 A 相遮蔽：遵照《作业指导书（卡）》操作。

10）退出作业区域：杆上电工检查施工质量并确认工作已完成，杆上电工检查杆上无遗留物后返回地面。

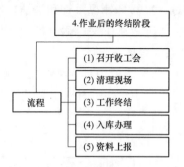

图 4-15　作业后的终结阶段流程图

（4）作业后的终结阶段，流程图如图 4-15 所示。

1）召开收工会：工作负责人对工作完成情况、安全措施落实情况、作业指导卡执行情况进行总结、点评。

2）清理现场：工作负责人组织班组成员整理工器具、材料，清洁后将其装箱、装袋、装车，清理现场做到"工完、料尽、场地清"。

3）工作终结：工作负责人向工作许可人申请工作终结，记录许可方式、工作许可人、终结报告时间并签字确认，工作结束、撤离现场。

4）入库办理：工作负责人办理工器具（车辆）入库清单并签字确认。

5）资料上报：工作负责人负责资料上报、分类归档，完成任务单并签字确认。

4.1.4　绝缘杆作业法（登杆作业）带电接分支线路引线工作

本流程管控适用于如图 4-16 所示的直线分支杆（无熔断器，导线三角排列），采用绝缘杆作业法（登杆作业）带电接分支线路引线工作。

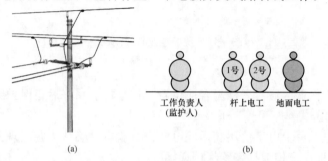

图 4-16　采用绝缘杆作业法（登杆作业）带电接分支线路引线工作

(a) 杆头外形图；(b) 人员分工示意图

（1）作业前的准备阶段，流程图如图 4-17 所示。

1）接受任务：明确工作地点、工作内容、计划工作时间等。

2）现场勘察：工作负责人或工作票签发人组织勘察工作，根据勘察结果确定作业方法、所需工具以及应采取的措施，《现场勘察记录》作为填写、签发《工作票》及编写《作业指导书（卡）》等的依据；开工前工作负责人应重新核对现场勘察情况，确认无变化后方可开工。

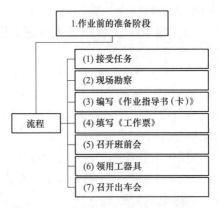

图 4-17　作业前的准备阶段流程图

3）编写《作业指导书（卡）》：工作负责人编写《作业指导书（卡）》，并由编写人、审核人、审批人签名确认后生效。

4）填写《工作票》：工作负责人填写《工作票》，工作票签发人签发生效后，一份送至工作许可人处，一份由工作负责人收执并始终持票；如工作票实行"双签发"时，双方工作票负责人分别签发、各自承担相应的安全责任。

5）召开班前会：工作负责人组织学习《作业指导书（卡）》，明确作业方法、人员分工、工作职责、安全措施、作业步骤等，并填写《现场安全交底卡》。

6）领用工器具：核对工器具电压等级和试验周期、外观完好无损，办理出入库清单并签字确认，装箱、装袋、装车并准备运输。

7）召开出车会：检查作业车辆合格，工器具、材料齐全，作业人员着装统一、身体状况和精神状态正常，确认准备工作就绪后司乘人员安全出车。

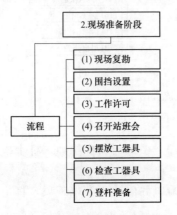

图 4-18　现场准备阶段流程图

（2）现场准备阶段，流程图如图 4-18 所示。

1）现场复勘：核对确认线路名称、工作地点、工作内容，检查确认现场装置、环境符合作业条件，检查确认风速、湿度符合带电作业条件，检查工作票所列安全措施。

2）围挡设置：装设"在此工作、从此进出！"警示围栏，悬挂"止步，高压危险！"警示标示牌，设置"前方施工，请慢行"警示路障/导向牌，增设临时交通疏导人员并且人员均穿反光衣。

3）工作许可：工作负责人申请工作许可，记录许可方式、工作许可人、工作许可时间并签名确认。

4）召开站班会：工作负责人列队宣读《工作票》，进行工作任务交底、安全措施交底、危险点告知，检查确认工作班成员精神状态良好，确认工作班成员安全交底知晓的签名，记录工作时间并签名确认，填写《安全交底卡》并签名确认。

5）摆放工器具：工器具分类摆放在防潮帆布上。

6）检查工器具：工器具试验合格周期核对，工器具外观检查和清洁，绝缘工具绝缘电阻检测不小于 $700\text{M}\Omega$，对绝缘手套应做充压气检测且检测结果不漏气，对安全带、脚扣做冲击试验且试验结果应合格。

7）登杆准备：杆上电工登杆前必须穿戴好个人防护用具（绝缘安全帽、绝缘手套、绝缘服或披肩、护目镜、安全带等），杆上电工登杆时必须先系好安全围带，杆上 1 号电工到达工位后 2 号电工开始登杆。

（3）现场作业阶段，流程图如图 4-19 所示。

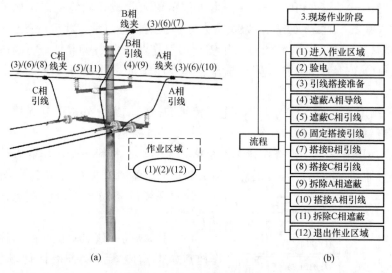

(a)   (b)

图 4-19　现场作业阶段流程图

（a）步骤示意图；（b）操作流程图

1）进入作业区域：登杆至合适位置在电杆上系好后备保护绳，杆上电工至少与带电体距离不小于 0.4m。

2）验电：杆上电工使用高压验电器进行验电并确认无漏电现象，杆上电工使用绝缘杆在横担上挂好绝缘传递绳。

3）引线搭接准备：遵照《作业指导书（卡）》操作。

4) 遮蔽 A 相导线：遵照《作业指导书（卡）》操作。

5) 遮蔽 C 相引线：遵照《作业指导书（卡）》操作。

6) 固定搭接引线：遵照《作业指导书（卡）》操作。

7) 搭接 B 相引线：遵照《作业指导书（卡）》操作。

8) 搭接 C 相引线：遵照《作业指导书（卡）》操作。

9) 拆除 A 相遮蔽：遵照《作业指导书（卡）》操作。

10) 搭接 A 相引线：遵照《作业指导书（卡）》操作。

11) 拆除 C 相遮蔽：遵照《作业指导书（卡）》操作。

12) 退出作业区域：杆上电工检查施工质量并确认工作已完成，杆上电工检查杆上无遗留物后返回地面。

（4）作业后的终结阶段，流程图如图 4-20 所示。

1) 召开收工会：工作负责人对工作完成情况、安全措施落实情况、作业指导卡执行情况进行总结、点评。

2) 清理现场：工作负责人组织班组成员整理工器具、材料，清洁后将其装箱、装袋、装车，清理现场做到"工完、料尽、场地清"。

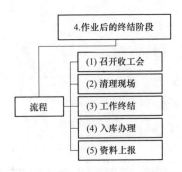

图 4-20　作业后的终结阶段流程图

3) 工作终结：工作负责人向工作许可人申请工作终结，记录许可方式、工作许可人、终结报告时间并签字确认，工作结束、撤离现场。

4) 入库办理：工作负责人办理工器具（车辆）入库清单并签字确认。

5) 资料上报：工作负责人负责资料上报、分类归档，完成任务单并签字确认。

4.2　第二类作业项目流程管控

4.2.1　绝缘手套作业法（绝缘斗臂车作业）带电断熔断器上引线工作

本流程管控适用于如图 4-21 所示的变台杆（有熔断器，导线三角排列），采用绝缘手套作业法（绝缘斗臂车作业）带电断熔断器上引线工作。

（1）作业前的准备阶段，流程图如图 4-22 所示。

1) 接受任务：明确工作地点、工作内容、计划工作时间等。

2) 现场勘察：工作负责人或工作票签发人组织勘察工作，根据勘察结果确定作业方法、所需工具以及应采取的措施，《现场勘察记录》作为填写、签发《工作票》及编写《作业指导书（卡）》等的依据；开工前工作负责人应重

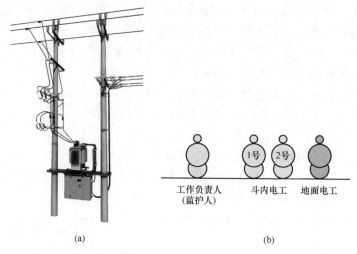

(a)   (b)

图 4-21 采用绝缘手套作业法（绝缘斗臂车作业）带电断熔断器上引线工作
(a) 杆头外形图；(b) 人员分工示意图

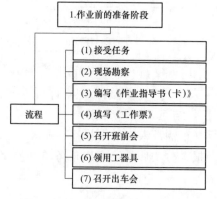

图 4-22 作业前的准备阶段流程图

新核对现场勘察情况，确认无变化后方可开工。

3) 编写《作业指导书（卡）》：工作负责人编写《作业指导书（卡）》，并由编写人、审核人、审批人签名确认后生效。

4) 填写《工作票》：工作负责人填写《工作票》，工作票签发人签发生效后，一份送至工作许可人处，一份由工作负责人收执并始终持票；如工作票实行"双签发"时，双方工作票负责人分别签发、各自承担相应的安全责任。

5) 召开班前会：工作负责人组织学习《作业指导书（卡）》，明确作业方法、人员分工、工作职责、安全措施、作业步骤等，并填写《现场安全交底卡》。

6) 领用工器具：核对工器具电压等级和试验周期、外观完好无损，办理出入库清单并签字确认，装箱、装袋、装车并准备运输。

7) 召开出车会：检查作业车辆合格，工器具、材料齐全，作业人员着装统一、身体状况和精神状态正常，确认准备工作就绪后司乘人员安全出车。

(2) 现场准备阶段，流程图如图 4-23 所示。

1) 现场复勘：核对确认线路名称、工作地点、工作内容，检查确认现场装置、环境符合作业条件，检查确认风速、湿度符合带电作业条件，检查工作票所列安全措施。

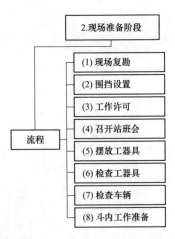

图 4-23　现场准备阶段流程图

2）围挡设置：装设"在此工作、从此进出！"警示围栏，悬挂"止步，高压危险！"警示标示牌，设置"前方施工，请慢行"警示路障/导向牌，增设临时交通疏导人员并且人员均穿反光衣，增设临时交通疏导人员并且人员均穿反光衣。

3）工作许可：工作负责人申请工作许可，记录许可方式、工作许可人、工作许可时间并签名确认。

4）召开站班会：工作负责人列队宣读《工作票》，进行工作任务交底、安全措施交底、危险点告知，检查确认工作班成员精神状态良好，确认工作班成员安全交底知晓的签名，记录工作时间并签名确认，填写《安全交底卡》并签名确认。

5）摆放工器具：工器具分类摆放在防潮帆布上。

6）检查工器具：工器具试验合格周期核对，工器具外观检查和清洁，绝缘工具绝缘电阻检测不小于 $700M\Omega$，对绝缘手套应做充压气检测且检测结果不漏气，对安全带做冲击试验且试验结果应合格。

7）检查车辆：绝缘斗臂车停放位置合适，支腿支到垫板上、轮胎离地、车体可靠接地，空斗试操作运行正常（升降、伸缩、回转等）。

8）斗内工作准备：斗内电工必须穿戴好个人防护用具（绝缘安全帽、绝缘手套、绝缘服或披肩、护目镜、安全带等）进入绝缘斗并挂好安全挂钩，可携带工器具等入斗，准备开始斗内工作。

（3）现场作业阶段，流程图如图 4-24 所示。

1）进入作业区域：斗内电工操作绝缘斗臂车进入作业区域，作业过程中不应摘下绝缘防护用具；绝缘斗臂车的绝缘臂伸出有效长度应不小于 1m。

2）验电：斗内电工使用高压验电器对导线、横担等进行验电，确认无漏电现象后汇报给工作负责人。

3）遮蔽 A 相导线：遵照《作业指导书（卡）》操作。

4）遮蔽 B 相导线：遵照《作业指导书（卡）》操作。

5）遮蔽 C 相导线：遵照《作业指导书（卡）》操作。

6）拆除 A 相引线：遵照《作业指导书（卡）》操作。

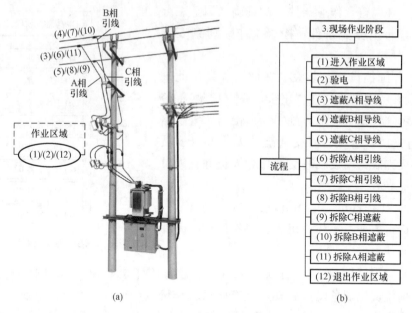

图 4-24 现场作业阶段流程图

(a) 步骤示意图；(b) 操作流程图

7) 拆除 C 相引线：遵照《作业指导书（卡）》操作。

8) 拆除 B 相引线：遵照《作业指导书（卡）》操作。

9) 拆除 C 相遮蔽：遵照《作业指导书（卡）》操作。

10) 拆除 B 相遮蔽：遵照《作业指导书（卡）》操作。

11) 拆除 A 相遮蔽：遵照《作业指导书（卡）》操作。

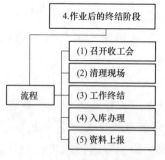

图 4-25 作业后的终结阶段流程图

12) 退出作业区域：斗内电工检查施工质量并确认工作已完成，检查杆上无遗留物后，操作绝缘斗臂车退出作业区域且返回地面。

(4) 作业后的终结阶段，流程图如图 4-25 所示。

1) 召开收工会：工作负责人对工作完成情况、安全措施落实情况、作业指导卡执行情况进行总结、点评。

2) 清理现场：工作负责人组织班组成员整理工器具、材料，清洁后将其装箱、装袋、装车，清理现场做到"工完、料尽、场地清"，绝缘斗臂车各部位复位，绝缘斗臂车支腿已收回。

3) 工作终结：工作负责人向工作许可人申请工作终结，记录许可方式、工作许可人、终结报告时间并签字确认，工作结束、撤离现场。

4）入库办理：工作负责人办理工器具（车辆）入库清单并签字确认。

5）资料上报：工作负责人负责资料上报、分类归档，完成任务单并签字确认。

4.2.2 绝缘手套作业法（绝缘斗臂车作业）带电接熔断器上引线工作

本流程管控适用于如图 4-26 所示的变台杆（有熔断器，导线三角排列），采用绝缘手套作业法（绝缘斗臂车作业）带电接熔断器上引线工作。

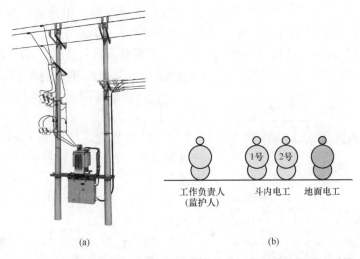

(a)　　　　　　　　　(b)

图 4-26　采用绝缘手套作业法（绝缘斗臂车作业）带电接熔断器上引线工作
(a) 杆头外形图；(b) 人员分工示意图

（1）作业前的准备阶段，流程图如图 4-27 所示。

1）接受任务：明确工作地点、工作内容、计划工作时间等。

2）现场勘察：工作负责人或工作票签发人组织勘察工作，根据勘察结果确定作业方法、所需工具以及应采取的措施，《现场勘察记录》作为填写、签发《工作票》及编写《作业指导书（卡）》等的依据；开工前工作负责人应重新核对现场勘察情况，确认无变化后方可开工。

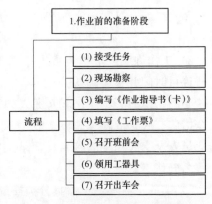

图 4-27　作业前的准备阶段流程图

3) 编写《作业指导书（卡）》：工作负责人编写《作业指导书（卡）》，并由编写人、审核人、审批人签名确认后生效。

4) 填写《工作票》：工作负责人填写《工作票》，工作票签发人签发生效后，一份送至工作许可人处，一份由工作负责人收执并始终持票；如工作票实行"双签发"时，双方工作票负责人分别签发、各自承担相应的安全责任。

5) 召开班前会：工作负责人组织学习《作业指导书（卡）》，明确作业方法、人员分工、工作职责、安全措施、作业步骤等，并填写《现场安全交底卡》。

6) 领用工器具：核对工器具电压等级和试验周期、外观完好无损，办理出入库清单并签字确认，装箱、装袋、装车并准备运输。

7) 召开出车会：检查作业车辆合格、工器具、材料齐全、作业人员着装统一、身体状况和精神状态正常，确认准备工作就绪后司乘人员安全出车。

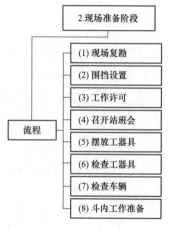

图 4-28 现场准备阶段流程图

（2）现场准备阶段，流程图如图 4-28 所示。

1) 现场复勘：核对确认线路名称、工作地点、工作内容，检查确认现场装置、环境符合作业条件，检查确认风速、湿度符合带电作业条件，检查工作票所列安全措施。

2) 围挡设置：装设"在此工作、从此进出！"警示围栏，悬挂"止步，高压危险！"警示标示牌，设置"前方施工，请慢行"警示路障/导向牌，增设临时交通疏导人员并且人员均穿反光衣，增设临时交通疏导人员并且人员均穿反光衣。

3) 工作许可：工作负责人申请工作许可，记录许可方式、工作许可人、工作许可时间并签名确认。

4) 召开站班会：工作负责人列队宣读《工作票》，进行工作任务交底、安全措施交底、危险点告知，检查确认工作班成员精神状态良好，确认工作班成员安全交底知晓的签名，记录工作时间并签名确认，填写《安全交底卡》并签名确认。

5) 摆放工器具：工器具分类摆放在防潮帆布上。

6) 检查工器具：工器具试验合格周期核对，工器具外观检查和清洁，绝缘工具绝缘电阻检测不小于 700MΩ，对绝缘手套应做充压气检测且检测结果不漏气，对安全带做冲击试验且试验结果应合格。

7）检查车辆：绝缘斗臂车停放位置合适，支腿支到垫板上、轮胎离地、车体可靠接地，空斗试操作运行正常（升降、伸缩、回转等）。

8）斗内工作准备：斗内电工必须穿戴好个人防护用具（绝缘安全帽、绝缘手套、绝缘服或披肩、护目镜、安全带等）进入绝缘斗并挂好安全挂钩，可携带工器具等入斗，准备开始斗内工作。

（3）现场作业阶段，流程如图4-29所示。

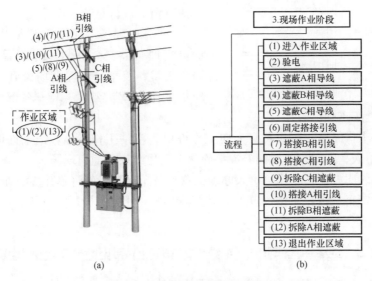

图 4-29   现场作业阶段流程图
（a）步骤示意图；（b）操作流程图

1）进入作业区域：斗内电工操作绝缘斗臂车进入作业区域，作业过程中不应摘下绝缘防护用具；绝缘斗臂车的绝缘臂伸出有效长度应不小于1m。

2）验电：斗内电工使用高压验电器对导线、横担等进行验电，确认无漏电现象后汇报给工作负责人。

3）遮蔽 A 相导线：遵照《作业指导书（卡）》操作。

4）遮蔽 B 相导线：遵照《作业指导书（卡）》操作。

5）遮蔽 C 相导线：遵照《作业指导书（卡）》操作。

6）固定搭接引线：遵照《作业指导书（卡）》操作。

7）搭接 B 相引线：遵照《作业指导书（卡）》操作。

8）搭接 C 相引线：遵照《作业指导书（卡）》操作。

9）拆除 C 相遮蔽：遵照《作业指导书（卡）》操作。

10）搭接 A 相引线：遵照《作业指导书（卡）》操作。

11）拆除 B 相遮蔽：遵照《作业指导书（卡）》操作。

12）拆除 A 相遮蔽：遵照《作业指导书（卡）》操作。

13）退出作业区域：斗内电工检查施工质量并确认工作已完成，检查杆上无遗留物后，操作绝缘斗臂车退出作业区域且返回地面。

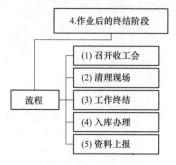

图 4-30 作业后的终结阶段流程图

（4）作业后的终结阶段，流程图如图 4-30 所示。

1）召开收工会：工作负责人对工作完成情况、安全措施落实情况、作业指导卡执行情况进行总结、点评。

2）清理现场：工作负责人组织班组成员整理工器具、材料，清洁后将其装箱、装袋、装车，清理现场做到"工完、料尽、场地清"，绝缘斗臂车各部位复位，绝缘斗臂车支腿已收回。

3）工作终结：工作负责人向工作许可人申请工作终结，记录许可方式、工作许可人、终结报告时间并签字确认，工作结束、撤离现场。

4）入库办理：工作负责人办理工器具（车辆）入库清单并签字确认。

5）资料上报：工作负责人负责资料上报、分类归档，完成任务单并签字确认。

4.2.3 绝缘手套作业法（绝缘斗臂车作业）带电断分支线路引线工作

本流程管控适用于如图 4-31 所示的直线分支杆（无熔断器，导线三角排列），采用绝缘手套作业法（绝缘斗臂车作业）带电断分支线路引线工作。

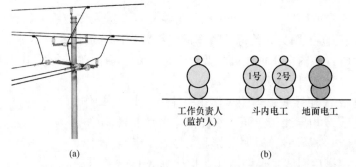

（a）   （b）

图 4-31 采用绝缘手套作业法（绝缘斗臂车作业）带电断分支线路引线工作

（a）杆头外形图；（b）人员分工示意图

（1）作业前的准备阶段，流程图如图 4-32 所示。

1）接受任务：明确工作地点、工作内容、计划工作时间等。

2）现场勘察：工作负责人或工作票签发人组织勘察工作，根据勘察结果确定作业方法、所需工具以及应采取的措施，《现场勘察记录》作为填写、签发《工作票》及编写《作业指导书（卡）》等的依据；开工前工作负责人应重新核对现场勘察情况，确认无变化后方可开工。

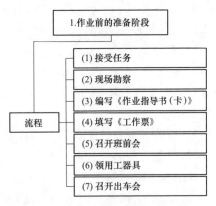

图 4-32 作业前的准备阶段流程图

3）编写《作业指导书（卡）》：工作负责人编写《作业指导书（卡）》，并由编写人、审核人、审批人签名确认后生效。

4）填写《工作票》：工作负责人填写《工作票》，工作票签发人签发生效后，一份送至工作许可人处，一份由工作负责人收执并始终持票；如工作票实行"双签发"时，双方工作票负责人分别签发、各自承担相应的安全责任。

5）召开班前会：工作负责人组织学习《作业指导书（卡）》，明确作业方法、人员分工、工作职责、安全措施、作业步骤等，并填写《现场安全交底卡》。

6）领用工器具：核对工器具电压等级和试验周期、外观完好无损，办理出入库清单并签字确认，装箱、装袋、装车并准备运输。

7）召开出车会：检查作业车辆合格，工器具、材料齐全，作业人员着装统一、身体状况和精神状态正常，确认准备工作就绪后司乘人员安全出车。

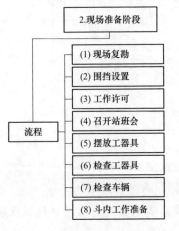

图 4-33 现场准备阶段流程图

（2）现场准备阶段，流程图如图4-33所示。

1）现场复勘：核对确认线路名称、工作地点、工作内容，检查确认现场装置、环境符合作业条件，检查确认风速、湿度符合带电作业条件，检查工作票所列安全措施。

2）围挡设置：装设"在此工作、从此进出！"警示围栏，悬挂"止步，高压危险！"警示标示牌，设置"前方施工，请慢行"警示路障/导向牌，增设临时交通疏导人员并且人员均穿反光衣，增设临时交通疏导人员并且人员均穿反光衣。

3）工作许可：工作负责人申请工作许可，记录许可方式、工作许可人、工作许可时间并签名确认。

4）召开站班会：工作负责人列队宣读《工作票》，进行工作任务交底、安全措施交底、危险点告知，检查确认工作班成员精神状态良好，确认工作班成员安全交底知晓的签名，记录工作时间并签名确认，填写《安全交底卡》并签名确认。

5）摆放工器具：工器具分类摆放在防潮帆布上。

6）检查工器具：工器具试验合格周期核对，工器具外观检查和清洁，绝缘工具绝缘电阻检测不小于 $700M\Omega$，对绝缘手套应做充压气检测且检测结果不漏气，对安全带做冲击试验且试验结果应合格。

7）检查车辆：绝缘斗臂车停放位置合适，支腿支到垫板上、轮胎离地、车体可靠接地，空斗试操作运行正常（升降、伸缩、回转等）。

8）斗内工作准备：斗内电工必须穿戴好个人防护用具（绝缘安全帽、绝缘手套、绝缘服或披肩、护目镜、安全带等）进入绝缘斗并挂好安全挂钩，可携带工器具等入斗，准备开始斗内工作。

（3）现场作业阶段，流程图如图 4-34 所示。

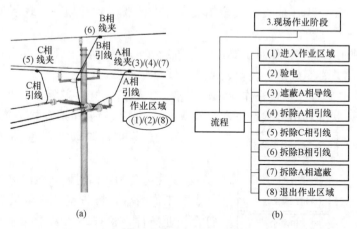

图 4-34　现场作业阶段流程图
（a）步骤示意图；（b）操作流程图

1）进入作业区域：斗内电工操作绝缘斗臂车进入作业区域，作业过程中不应摘下绝缘防护用具；绝缘斗臂车的绝缘臂伸出有效长度应不小于 1m。

2）验电：斗内电工使用高压验电器对导线、横担等进行验电，确认无漏电现象后汇报给工作负责人。

3）遮蔽 A 相导线：遵照《作业指导书（卡）》操作。

4）拆除 A 相引线：遵照《作业指导书（卡）》操作。

5）拆除 C 相引线：遵照《作业指导书（卡）》操作。

6）拆除 B 相引线：遵照《作业指导书（卡）》操作。

7）拆除 A 相遮蔽：遵照《作业指导书（卡）》操作。

8）退出作业区域：斗内电工检查施工质量并确认工作已完成，检查杆上无遗留物后，操作绝缘斗臂车退出作业区域且返回地面。

（4）作业后的终结阶段，流程图如图 4-35 所示。

1）召开收工会：工作负责人对工作完成情况、安全措施落实情况、作业指导卡执行情况进行总结、点评。

2）清理现场：工作负责人组织班组成员整理工器具、材料，清洁后将其装箱、装袋、装车，清理现场做到"工完、料尽、场地清"，绝缘斗臂车各部位复位，绝缘斗臂车支腿已收回。

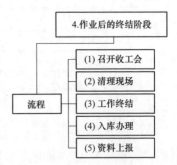

图 4-35　作业后的终结阶段流程图

3）工作终结：工作负责人向工作许可人申请工作终结，记录许可方式、工作许可人、终结报告时间并签字确认，工作结束、撤离现场。

4）入库办理：工作负责人办理工器具（车辆）入库清单并签字确认。

5）资料上报：工作负责人负责资料上报、分类归档，完成任务单并签字确认。

4.2.4　绝缘手套作业法（绝缘斗臂车作业）带电接分支线路引线工作

本流程管控适用于如图 4-36 所示的直线分支杆（无熔断器，导线三角排列），采用绝缘手套作业法（绝缘斗臂车作业）带电接分支线路引线工作。

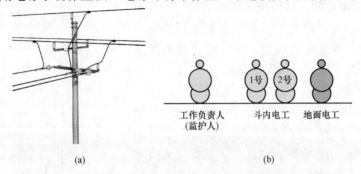

(a)　　　　　　　　　　　　(b)

图 4-36　采用绝缘手套作业法（绝缘斗臂车作业）带电接分支线路引线工作

(a) 杆头外形图；(b) 人员分工示意图

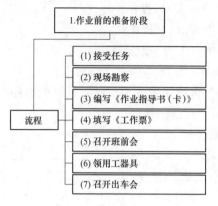

图 4-37 作业前的准备阶段流程图

(1) 作业前的准备阶段，流程图如图 4-37 所示。

1) 接受任务：明确工作地点、工作内容、计划工作时间等。

2) 现场勘察：工作负责人或工作票签发人组织勘察工作，根据勘察结果确定作业方法、所需工具以及应采取的措施，《现场勘察记录》作为填写、签发《工作票》及编写《作业指导书（卡）》等的依据；开工前工作负责人应重新核对现场勘察情况，确认无变化后方可开工。

3) 编写《作业指导书（卡）》：工作负责人编写《作业指导书（卡）》，并由编写人、审核人、审批人签名确认后生效。

4) 填写《工作票》：工作负责人填写《工作票》，工作票签发人签发生效后，一份送至工作许可人处，一份由工作负责人收执并始终持票；如工作票实行"双签发"时，双方工作票负责人分别签发、各自承担相应的安全责任。

5) 召开班前会：工作负责人组织学习《作业指导书（卡）》，明确作业方法、人员分工、工作职责、安全措施、作业步骤等，并填写《现场安全交底卡》。

6) 领用工器具：核对工器具电压等级和试验周期、外观完好无损，办理出入库清单并签字确认，装箱、装袋、装车并准备运输。

7) 召开出车会：检查作业车辆合格，工器具、材料齐全，作业人员着装统一、身体状况和精神状态正常，确认准备工作就绪后司乘人员安全出车。

(2) 现场准备阶段，流程图如图 4-38 所示。

1) 现场复勘：核对确认线路名称、工作地点、工作内容，检查确认现场装置、环境符合作业条件，检查确认风速、湿度符合带电作业条件，检查工作票所列安全措施。

2) 围挡设置：装设"在此工作、从此进出！"警示围栏，悬挂"止步，高压危险！"警示标示牌，设置"前方施工，请慢行"警示路障/导向牌，增设临时交通疏导人员并且人员均穿反光衣，增设临时交通疏导人员并且人员均穿反光衣。

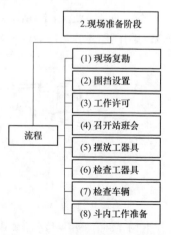

图 4-38 现场准备阶段流程图

3）工作许可：工作负责人申请工作许可，记录许可方式、工作许可人、工作许可时间并签名确认。

4）召开站班会：工作负责人列队宣读《工作票》，进行工作任务交底、安全措施交底、危险点告知，检查确认工作班成员精神状态良好，确认工作班成员安全交底知晓的签名，记录工作时间并签名确认，填写《安全交底卡》并签名确认。

5）摆放工器具：工器具分类摆放在防潮帆布上。

6）检查工器具：工器具试验合格周期核对，工器具外观检查和清洁，绝缘工具绝缘电阻检测不小于 $700M\Omega$，对绝缘手套应做充压气检测且检测结果不漏气，对安全带做冲击试验且试验结果应合格。

7）检查车辆：绝缘斗臂车停放位置合适，支腿支到垫板上、轮胎离地、车体可靠接地，空斗试操作运行正常（升降、伸缩、回转等）。

8）斗内工作准备：斗内电工必须穿戴好个人防护用具（绝缘安全帽、绝缘手套、绝缘服或披肩、护目镜、安全带等）进入绝缘斗并挂好安全挂钩，可携带工器具等入斗，准备开始斗内工作。

（3）现场作业阶段，流程图如图 4-39 所示。

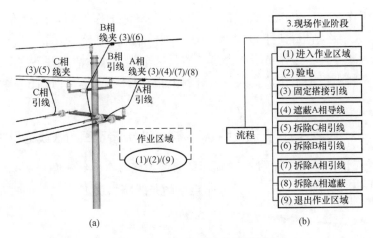

图 4-39　现场作业阶段流程图

(a) 步骤示意图；(b) 操作流程图

1）进入作业区域：斗内电工操作绝缘斗臂车进入作业区域，作业过程中不应摘下绝缘防护用具；绝缘斗臂车的绝缘臂伸出有效长度应不小于 1m。

2）验电：斗内电工使用高压验电器对导线、横担等进行验电，确认无漏电现象后汇报给工作负责人。

3）引线搭接准备：遵照《作业指导书（卡）》操作。

4）遮蔽 A 相导线：遵照《作业指导书（卡）》操作。

5）搭接 C 相引线：遵照《作业指导书（卡）》操作。

6）搭接 B 相引线：遵照《作业指导书（卡）》操作。

7）搭接 A 相引线：遵照《作业指导书（卡）》操作。

8）拆除 A 相遮蔽：遵照《作业指导书（卡）》操作。

9）退出作业区域：斗内电工检查施工质量并确认工作已完成，检查杆上无遗留物后，操作绝缘斗臂车退出作业区域且返回地面。

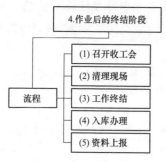

图 4-40　作业后的终结阶段流程图

（4）作业后的终结阶段，流程图如图 4-40 所示。

1）召开收工会：工作负责人对工作完成情况、安全措施落实情况、作业指导卡执行情况进行总结、点评。

2）清理现场：工作负责人组织班组成员整理工器具、材料，清洁后将其装箱、装袋、装车，清理现场做到"工完、料尽、场地清"，绝缘斗臂车各部位复位，绝缘斗臂车支腿已收回。

3）工作终结：工作负责人向工作许可人申请工作终结，记录许可方式、工作许可人、终结报告时间并签字确认，工作结束、撤离现场。

4）入库办理：工作负责人办理工器具（车辆）入库清单并签字确认。

5）资料上报：工作负责人负责资料上报、分类归档，完成任务单并签字确认。

4.2.5　绝缘手套作业法（绝缘斗臂车作业）带电断耐张线路引线工作

本流程管控适用于如图 4-41 所示的直线耐张杆（导线三角排列），采用绝缘手套作业法（绝缘斗臂车作业）带电断耐张线路引线工作。

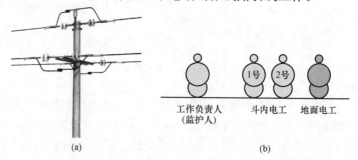

图 4-41　采用绝缘手套作业法（绝缘斗臂车作业）带电断耐张线路引线工作

(a) 杆头外形图；(b) 人员分工示意图

（1）作业前的准备阶段，流程图如图 4-42 所示。

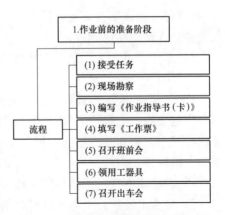

图 4-42 作业前的准备阶段流程图

1）接受任务：明确工作地点、工作内容、计划工作时间等。

2）现场勘察：工作负责人或工作票签发人组织勘察工作，根据勘察结果确定作业方法、所需工具以及应采取的措施，《现场勘察记录》作为填写、签发《工作票》及编写《作业指导书（卡）》等的依据；开工前工作负责人应重新核对现场勘察情况，确认无变化后方可开工。

3）编写《作业指导书（卡）》：工作负责人编写《作业指导书（卡）》，并由编写人、审核人、审批人签名确认后生效。

4）填写《工作票》：工作负责人填写《工作票》，工作票签发人签发生效后，一份送至工作许可人处，一份由工作负责人收执并始终持票；如工作票实行"双签发"时，双方工作票负责人分别签发、各自承担相应的安全责任。

5）召开班前会：工作负责人组织学习《作业指导书（卡）》，明确作业方法、人员分工、工作职责、安全措施、作业步骤等，并填写《现场安全交底卡》。

6）领用工器具：核对工器具电压等级和试验周期、外观完好无损，办理出入库清单并签字确认，装箱、装袋、装车并准备运输。

7）召开出车会：检查作业车辆合格，工器具、材料齐全，作业人员着装统一、身体状况和精神状态正常，确认准备工作就绪后司乘人员安全出车。

（2）现场准备阶段，流程图如图 4-43 所示。

1）现场复勘：核对确认线路名称、工作地点、工作内容，检查确认现场装置、环境符合作业条件，检查确认风速、湿度符合带电作业条件，检查工作票所列安全措施。

2）围挡设置：装设"在此工作、从此进出！"警示围栏，悬挂"止步，高压危险！"警示标示牌，设置"前方施工，请慢行"警示路

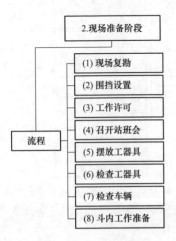

图 4-43 现场准备阶段流程图

障/导向牌，增设临时交通疏导人员并且人员均穿反光衣，增设临时交通疏导人员并且人员均穿反光衣。

3）工作许可：工作负责人申请工作许可，记录许可方式、工作许可人、工作许可时间并签名确认。

4）召开站班会：工作负责人列队宣读《工作票》，进行工作任务交底、安全措施交底、危险点告知，检查确认工作班成员精神状态良好，确认工作班成员安全交底知晓的签名，记录工作时间并签名确认，填写《安全交底卡》并签名确认。

5）摆放工器具：工器具分类摆放在防潮帆布上。

6）检查工器具：工器具试验合格周期核对，工器具外观检查和清洁，绝缘工具绝缘电阻检测不小于700MΩ，对绝缘手套应做充压气检测且检测结果不漏气，对安全带做冲击试验且试验结果应合格。

7）检查车辆：绝缘斗臂车停放位置合适，支腿支到垫板上、轮胎离地、车体可靠接地，空斗试操作运行正常（升降、伸缩、回转等）。

8）斗内工作准备：斗内电工必须穿戴好个人防护用具（绝缘安全帽、绝缘手套、绝缘服或披肩、护目镜、安全带等）进入绝缘斗并挂好安全挂钩，可携带工器具等入斗，准备开始斗内工作。

（3）现场作业阶段，流程图如图 4-44 所示。

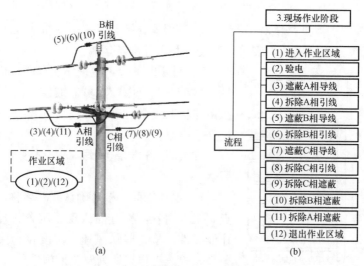

图 4-44　现场作业阶段流程图
（a）步骤示意图；（b）操作流程图

1）进入作业区域：斗内电工操作绝缘斗臂车进入作业区域，作业过程中

不应摘下绝缘防护用具；绝缘斗臂车的绝缘臂伸出有效长度应不小于1m。

2）验电：斗内电工使用高压验电器对导线、横担等进行验电，确认无漏电现象后汇报给工作负责人。

3）遮蔽A相导线：遵照《作业指导书（卡）》操作。

4）拆除A相引线：遵照《作业指导书（卡）》操作。

5）遮蔽B相导线：遵照《作业指导书（卡）》操作。

6）拆除B相引线：遵照《作业指导书（卡）》操作。

7）遮蔽C相导线：遵照《作业指导书（卡）》操作。

8）拆除C相引线：遵照《作业指导书（卡）》操作。

9）拆除C相遮蔽：遵照《作业指导书（卡）》操作。

10）拆除B相遮蔽：遵照《作业指导书（卡）》操作。

11）拆除A相遮蔽：遵照《作业指导书（卡）》操作。

12）退出作业区域：斗内电工检查施工质量并确认工作已完成，检查杆上无遗留物后，操作绝缘斗臂车退出作业区域且返回地面。

（4）作业后的终结阶段，流程图如图4-45所示。

1）召开收工会：工作负责人对工作完成情况、安全措施落实情况、作业指导卡执行情况进行总结、点评。

2）清理现场：工作负责人组织班组成员整理工器具、材料，清洁后将其装箱、装袋、装车，清理现场做到"工完、料尽、场地清"，绝缘斗臂车各部位复位，绝缘斗臂车支腿已收回。

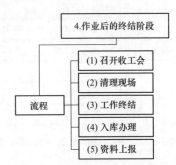

图4-45　作业后的终结阶段流程图

3）工作终结：工作负责人向工作许可人申请工作终结，记录许可方式、工作许可人、终结报告时间并签字确认，工作结束、撤离现场。

4）入库办理：工作负责人办理工器具（车辆）入库清单并签字确认。

5）资料上报：工作负责人负责资料上报、分类归档，完成任务单并签字确认。

4.2.6　绝缘手套作业法（绝缘斗臂车作业）带电接耐张线路引线工作

本流程管控适用于如图4-46所示的直线耐张杆（导线三角排列），采用绝缘手套作业法（绝缘斗臂车作业）带电接耐张线路引线工作。

（1）作业前的准备阶段，流程图如图4-47所示。

1）接受任务：明确工作地点、工作内容、计划工作时间等。

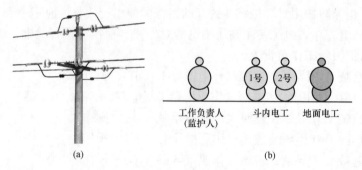

图 4-46 采用绝缘手套作业法（绝缘斗臂车作业）带电接耐张线路引线工作

(a) 杆头外形图；(b) 人员分工示意图

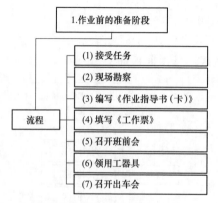

图 4-47 作业前的准备阶段流程图

2）现场勘察：工作负责人或工作票签发人组织勘察工作，根据勘察结果确定作业方法、所需工具以及应采取的措施，《现场勘察记录》作为填写、签发《工作票》及编写《作业指导书（卡）》等的依据；开工前工作负责人应重新核对现场勘察情况，确认无变化后方可开工。

3）编写《作业指导书（卡）》：工作负责人编写《作业指导书（卡）》，并由编写人、审核人、审批人签名确认后生效。

4）填写《工作票》：工作负责人填写《工作票》，工作票签发人签发生效后，一份送至工作许可人处，一份由工作负责人收执并始终持票；如工作票实行"双签发"时，双方工作票负责人分别签发、各自承担相应的安全责任。

5）召开班前会：工作负责人组织学习《作业指导书（卡）》，明确作业方法、人员分工、工作职责、安全措施、作业步骤等，并填写《现场安全交底卡》。

6）领用工器具：核对工器具电压等级和试验周期、外观完好无损，办理出入库清单并签字确认，装箱、装袋、装车并准备运输。

7）召开出车会：检查作业车辆合格，工器具、材料齐全，作业人员着装统一、身体状况和精神状态正常，确认准备工作就绪后司乘人员安全出车。

（2）现场准备阶段，流程图如图 4-48 所示。

1）现场复勘：核对确认线路名称、工作地点、工作内容，检查确认现场装置、环境符合作业条件，检查确认风速、湿度符合带电作业条件，检查工作票所列安全措施。

2）围挡设置：装设"在此工作、从此进出！"警示围栏，悬挂"止步，高压危险！"警示标示牌，设置"前方施工，请慢行"警示路障/导向牌，增设临时交通疏导人员并且人员均穿反光衣，增设临时交通疏导人员并且人员均穿反光衣。

3）工作许可：工作负责人申请工作许可，记录许可方式、工作许可人、工作许可时间并签名确认。

4）召开站班会：工作负责人列队宣读《工作票》，进行工作任务交底、安全措施

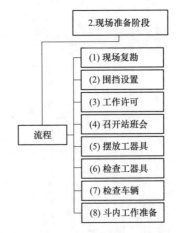

图 4-48　现场准备阶段流程图

交底、危险点告知，检查确认工作班成员精神状态良好，确认工作班成员安全交底知晓的签名，记录工作时间并签名确认，填写《安全交底卡》并签名确认。

5）摆放工器具：工器具分类摆放在防潮帆布上。

6）检查工器具：工器具试验合格周期核对，工器具外观检查和清洁，绝缘工具绝缘电阻检测不小于 $700M\Omega$，对绝缘手套应做充压气检测且检测结果不漏气，对安全带做冲击试验且试验结果应合格。

7）检查车辆：绝缘斗臂车停放位置合适，支腿支到垫板上、轮胎离地、车体可靠接地，空斗试操作运行正常（升降、伸缩、回转等）。

8）斗内工作准备：斗内电工必须穿戴好个人防护用具（绝缘安全帽、绝缘手套、绝缘服或披肩、护目镜、安全带等）进入绝缘斗并挂好安全挂钩，可携带工器具等入斗，准备开始斗内工作。

（3）现场作业阶段，流程图如图 4-49 所示。

1）进入作业区域：斗内电工操作绝缘斗臂车进入作业区域，作业过程中不应摘下绝缘防护用具；绝缘斗臂车的绝缘臂伸出有效长度应不小于 1m。

2）验电：斗内电工使用高压验电器对导线、横担等进行验电，确认无漏电现象后汇报给工作负责人。

3）遮蔽 A 相导线：遵照《作业指导书（卡）》操作。

4）遮蔽 B 相导线：遵照《作业指导书（卡）》操作。

5）遮蔽 C 相导线：遵照《作业指导书（卡）》操作。

6）搭接 C 相引线：遵照《作业指导书（卡）》操作。

7）拆除 C 相遮蔽：遵照《作业指导书（卡）》操作。

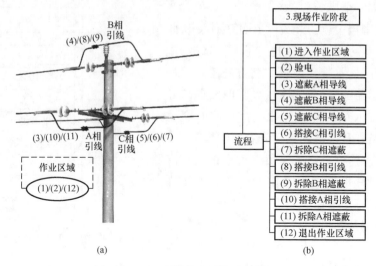

图 4-49　现场作业阶段流程图

(a) 步骤示意图；(b) 操作流程图

8) 搭接 B 相引线：遵照《作业指导书（卡）》操作。

9) 拆除 B 相遮蔽：遵照《作业指导书（卡）》操作。

10) 搭接 A 相引线：遵照《作业指导书（卡）》操作。

11) 拆除 A 相遮蔽：遵照《作业指导书（卡）》操作。

12) 退出作业区域：斗内电工检查施工质量并确认工作已完成，检查杆上无遗留物后，操作绝缘斗臂车退出作业区域且返回地面。

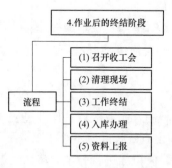

图 4-50　作业后的终结阶段流程图

（4）作业后的终结阶段，流程图如图 4-50 所示。

1) 召开收工会：工作负责人对工作完成情况、安全措施落实情况、作业指导卡执行情况进行总结、点评。

2) 清理现场：工作负责人组织班组成员整理工器具、材料，清洁后将其装箱、装袋、装车，清理现场做到"工完、料尽、场地清"，绝缘斗臂车各部位复位，绝缘斗臂车支腿已收回。

3) 工作终结：工作负责人向工作许可人申请工作终结，记录许可方式、工作许可人、终结报告时间并签字确认，工作结束、撤离现场。

4) 入库办理：工作负责人办理工器具（车辆）入库清单并签字确认。

5) 资料上报：工作负责人负责资料上报、分类归档，完成任务单并签字确认。

4.2.7 绝缘手套作业法（绝缘斗臂车作业）带电更换直线杆绝缘子工作

本流程管控适用于如图 4-51 所示的直线杆（导线三角排列），采用绝缘手套作业法（绝缘斗臂车作业）带电更换直线杆绝缘子工作。

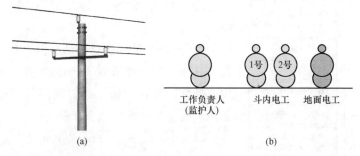

图 4-51 采用绝缘手套作业法（绝缘斗臂车作业）带电更换直线杆绝缘子工作
(a) 杆头外形图；(b) 人员分工示意图

（1）作业前的准备阶段，流程图如图 4-52 所示。

1）接受任务：明确工作地点、工作内容、计划工作时间等。

2）现场勘察：工作负责人或工作票签发人组织勘察工作，根据勘察结果确定作业方法、所需工具以及应采取的措施，《现场勘察记录》作为填写、签发《工作票》及编写《作业指导书（卡）》等的依据；开工前工作负责人应重新核对现场勘察情况，确认无变化后方可开工。

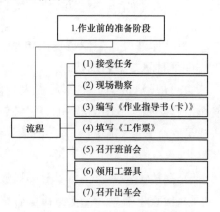

图 4-52 作业前的准备阶段流程图

3）编写《作业指导书（卡）》：工作负责人编写《作业指导书（卡）》，并由编写人、审核人、审批人签名确认后生效。

4）填写《工作票》：工作负责人填写《工作票》，工作票签发人签发生效后，一份送至工作许可人处，一份由工作负责人收执并始终持票；如工作票实行"双签发"时，双方工作票负责人分别签发、各自承担相应的安全责任。

5）召开班前会：工作负责人组织学习《作业指导书（卡）》，明确作业方法、人员分工、工作职责、安全措施、作业步骤等，并填写《现场安全交底卡》。

6）领用工器具：核对工器具电压等级和试验周期、外观完好无损，办理出入库清单并签字确认，装箱、装袋、装车并准备运输。

7）召开出车会：检查作业车辆合格，工器具、材料齐全，作业人员着装统一、身体状况和精神状态正常，确认准备工作就绪后司乘人员安全出车。

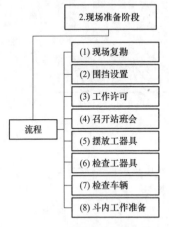

图 4-53　现场准备阶段流程图

（2）现场准备阶段，流程图如图 4-53 所示。

1）现场复勘：核对确认线路名称、工作地点、工作内容，检查确认现场装置、环境符合作业条件，检查确认风速、湿度符合带电作业条件，检查工作票所列安全措施。

2）围挡设置：装设"在此工作、从此进出！"警示围栏，悬挂"止步，高压危险！"警示标示牌，设置"前方施工，请慢行"警示路障/导向牌，增设临时交通疏导人员并且人员均穿反光衣，增设临时交通疏导人员并且人员均穿反光衣。

3）工作许可：工作负责人申请工作许可，记录许可方式、工作许可人、工作许可时间并签名确认。

4）召开站班会：工作负责人列队宣读《工作票》，进行工作任务交底、安全措施交底、危险点告知，检查确认工作班成员精神状态良好，确认工作班成员安全交底知晓的签名，记录工作时间并签名确认，填写《安全交底卡》并签名确认。

5）摆放工器具：工器具分类摆放在防潮帆布上。

6）检查工器具：工器具试验合格周期核对，工器具外观检查和清洁，绝缘工具绝缘电阻检测不小于 $700M\Omega$，对绝缘手套应做充压气检测且检测结果不漏气，对安全带做冲击试验且试验结果应合格。

7）检查车辆：绝缘斗臂车停放位置合适，支腿支到垫板上、轮胎离地、车体可靠接地，空斗试操作运行正常（升降、伸缩、回转等）。

8）斗内工作准备：斗内电工必须穿戴好个人防护用具（绝缘安全帽、绝缘手套、绝缘服或披肩、护目镜、安全带等）进入绝缘斗并挂好安全挂钩，可携带工器具等入斗，准备开始斗内工作。

（3）现场作业阶段，流程图如图 4-54 所示。

1）进入作业区域：斗内电工操作绝缘斗臂车进入作业区域，作业过程中

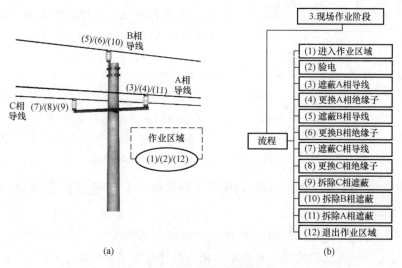

图 4-54　现场作业阶段流程图

(a) 步骤示意图；(b) 操作流程图

不应摘下绝缘防护用具；绝缘斗臂车的绝缘臂伸出有效长度应不小于1m。

2) 验电：斗内电工使用高压验电器对导线、横担等进行验电，确认无漏电现象后汇报给工作负责人。

3) 遮蔽 A 相导线：遵照《作业指导书（卡）》操作。

4) 更换 A 相绝缘子：遵照《作业指导书（卡）》操作。

5) 遮蔽 B 相导线：遵照《作业指导书（卡）》操作。

6) 更换 B 相绝缘子：遵照《作业指导书（卡）》操作。

7) 遮蔽 C 相导线：遵照《作业指导书（卡）》操作。

8) 更换 C 相绝缘子：遵照《作业指导书（卡）》操作。

9) 拆除 C 相遮蔽：遵照《作业指导书（卡）》操作。

10) 拆除 B 相遮蔽：遵照《作业指导书（卡）》操作。

11) 拆除 A 相遮蔽：遵照《作业指导书（卡）》操作。

12) 退出作业区域：斗内电工检查施工质量并确认工作已完成，检查杆上无遗留物后，操作绝缘斗臂车退出作业区域且返回地面。

（4）作业后的终结阶段，流程图如图 4-55 所示。

1) 召开收工会：工作负责人对工作完成情况、安全措施落实情况、作业指导卡执行情况进行总结、点评。

2) 清理现场：工作负责人组织班组成员整理工器具、材料，清洁后将其装箱、装袋、装车，清理现场做到"工完、料尽、场地清"，绝缘斗臂车各部

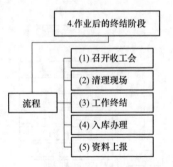

图 4-55 作业后的终结阶段流程图

位复位，绝缘斗臂车支腿已收回。

3）工作终结：工作负责人向工作许可人申请工作终结，记录许可方式、工作许可人、终结报告时间并签字确认，工作结束、撤离现场。

4）入库办理：工作负责人办理工器具（车辆）入库清单并签字确认。

5）资料上报：工作负责人负责资料上报、分类归档，完成任务单并签字确认。

4.2.8　绝缘手套作业法（绝缘斗臂车作业）带电更换直线杆绝缘子及横担工作

本流程管控适用于如图 4-56 所示的直线杆（导线三角排列），采用绝缘手套作业法（绝缘斗臂车作业）带电更换直线杆绝缘子及横担工作。

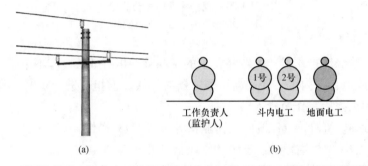

图 4-56　采用绝缘手套作业法（绝缘斗臂车作业）带电更换直线杆绝缘子及横担工作
(a) 杆头外形图；(b) 人员分工示意图

（1）作业前的准备阶段，流程图如图 4-57 所示。

1）接受任务：明确工作地点、工作内容、计划工作时间等。

2）现场勘察：工作负责人或工作票签发人组织勘察工作，根据勘察结果确定作业方法、所需工具以及应采取的措施，《现场勘察记录》作为填写、签发《工作票》及编写《作业指导书（卡）》等的依据；开工前工作负责人应重新核对现场勘察情况，确认无变

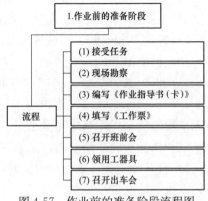

图 4-57　作业前的准备阶段流程图

化后方可开工。

3）编写《作业指导书（卡）》：工作负责人编写《作业指导书（卡）》，并由编写人、审核人、审批人签名确认后生效。

4）填写《工作票》：工作负责人填写《工作票》，工作票签发人签发生效后，一份送至工作许可人处，一份由工作负责人收执并始终持票；如工作票实行"双签发"时，双方工作票负责人分别签发、各自承担相应的安全责任。

5）召开班前会：工作负责人组织学习《作业指导书（卡）》，明确作业方法、人员分工、工作职责、安全措施、作业步骤等，并填写《现场安全交底卡》。

6）领用工器具：核对工器具电压等级和试验周期、外观完好无损，办理出入库清单并签字确认，装箱、装袋、装车并准备运输。

7）召开出车会：检查作业车辆合格，工器具、材料齐全，作业人员着装统一、身体状况和精神状态正常，确认准备工作就绪后司乘人员安全出车。

（2）现场准备阶段，流程图如图 4-58 所示。

1）现场复勘：核对确认线路名称、工作地点、工作内容，检查确认现场装置、环境符合作业条件，检查确认风速、湿度符合带电作业条件，检查工作票所列安全措施。

2）围挡设置：装设"在此工作、从此进出！"警示围栏，悬挂"止步，高压危险！"警示标示牌，设置"前方施工，请慢行"警示路障/导向牌，增设临时交通疏导人员并且人员均穿反光衣，增设临时交通疏导人员并且人员均穿反光衣。

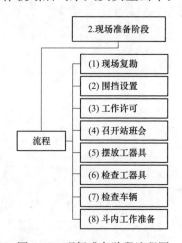

图 4-58　现场准备阶段流程图

3）工作许可：工作负责人申请工作许可，记录许可方式、工作许可人、工作许可时间并签名确认。

4）召开站班会：工作负责人列队宣读《工作票》，进行工作任务交底、安全措施交底、危险点告知，检查确认工作班成员精神状态良好，确认工作班成员安全交底知晓的签名，记录工作时间并签名确认，填写《安全交底卡》并签名确认。

5）摆放工器具：工器具分类摆放在防潮帆布上。

6）检查工器具：工器具试验合格周期核对，工器具外观检查和清洁，绝缘工具绝缘电阻检测不小于 $700M\Omega$，对绝缘手套应做充压气检测且检测结果不漏气，对安全带做冲击试验且试验结果应合格。

7）检查车辆：绝缘斗臂车停放位置合适，支腿支到垫板上、轮胎离地、车体可靠接地，空斗试操作运行正常（升降、伸缩、回转等）。

8）斗内工作准备：斗内电工必须穿戴好个人防护用具（绝缘安全帽、绝缘手套、绝缘服或披肩、护目镜、安全带等）进入绝缘斗并挂好安全挂钩，可携带工器具等入斗，准备开始斗内工作。

（3）现场作业阶段，流程图如图 4-59 所示。

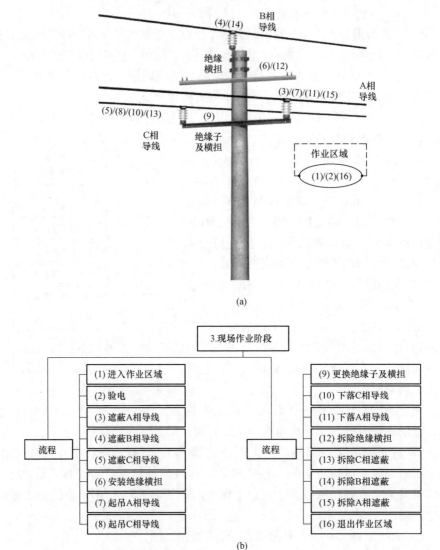

图 4-59　现场作业阶段流程图

（a）步骤示意图；（b）操作流程图

1）进入作业区域：斗内电工操作绝缘斗臂车进入作业区域，作业过程中不应摘下绝缘防护用具；绝缘斗臂车的绝缘臂伸出有效长度应不小于1m。

2）验电：斗内电工使用高压验电器对导线、横担等进行验电，确认无漏电现象后汇报给工作负责人。

3）遮蔽 A 相导线：遵照《作业指导书（卡）》操作。

4）遮蔽 B 相导线：遵照《作业指导书（卡）》操作。

5）遮蔽 C 相导线：遵照《作业指导书（卡）》操作。

6）安装绝缘横担：遵照《作业指导书（卡）》操作。

7）起吊 A 相导线：遵照《作业指导书（卡）》操作。

8）起吊 C 相导线：遵照《作业指导书（卡）》操作。

9）更换绝缘子及横担：遵照《作业指导书（卡）》操作。

10）下落 C 相导线：遵照《作业指导书（卡）》操作。

11）下落 A 相导线：遵照《作业指导书（卡）》操作。

12）拆除绝缘横担：遵照《作业指导书（卡）》操作。

13）拆除 C 相遮蔽：遵照《作业指导书（卡）》操作。

14）拆除 B 相遮蔽：遵照《作业指导书（卡）》操作。

15）拆除 A 相遮蔽：遵照《作业指导书（卡）》操作。

16）退出作业区域：斗内电工检查施工质量并确认工作已完成，检查杆上无遗留物后，操作绝缘斗臂车退出作业区域且返回地面。

（4）作业后的终结阶段，流程图如图4-60所示。

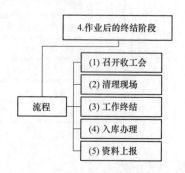

图 4-60　作业后的终结阶段流程图

1）召开收工会：工作负责人对工作完成情况、安全措施落实情况、作业指导卡执行情况进行总结、点评。

2）清理现场：工作负责人组织班组成员整理工器具、材料，清洁后将其装箱、装袋、装车，清理现场做到"工完、料尽、场地清"，绝缘斗臂车各部位复位，绝缘斗臂车支腿已收回。

3）工作终结：工作负责人向工作许可人申请工作终结，记录许可方式、工作许可人、终结报告时间并签字确认，工作结束、撤离现场。

4）入库办理：工作负责人办理工器具（车辆）入库清单并签字确认。

5）资料上报：工作负责人负责资料上报、分类归档，完成任务单并签字确认。

4.2.9　绝缘手套作业法（绝缘斗臂车作业）带电更换耐张杆绝缘子串工作

本流程管控适用于如图 4-61 所示的直线耐张杆（导线三角排列），采用绝缘手套作业法（绝缘斗臂车作业）带电更换耐张杆绝缘子串工作。

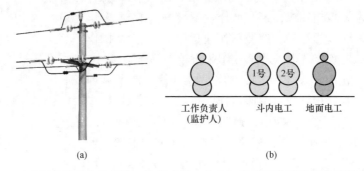

图 4-61　采用绝缘手套作业法（绝缘斗臂车作业）带电更换耐张杆绝缘子串工作
（a）杆头外形图；（b）人员分工示意图

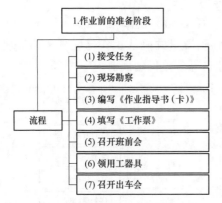

图 4-62　作业前的准备阶段流程图

（1）作业前的准备阶段，流程图如图 4-62 所示。

1）接受任务：明确工作地点、工作内容、计划工作时间等。

2）现场勘察：工作负责人或工作票签发人组织勘察工作，根据勘察结果确定作业方法、所需工具以及应采取的措施，《现场勘察记录》作为填写、签发《工作票》及编写《作业指导书（卡）》等的依据；开工前工作负责人应重新核对现场勘察情况，确认无变化后方可开工。

3）编写《作业指导书（卡）》：工作负责人编写《作业指导书（卡）》，并由编写人、审核人、审批人签名确认后生效。

4）填写《工作票》：工作负责人填写《工作票》，工作票签发人签发生效后，一份送至工作许可人处，一份由工作负责人收执并始终持票；如工作票实行"双签发"时，双方工作票负责人分别签发、各自承担相应的安全责任。

5）召开班前会：工作负责人组织学习《作业指导书（卡）》，明确作业方法、人员分工、工作职责、安全措施、作业步骤等，并填写《现场安全交底卡》。

6）领用工器具：核对工器具电压等级和试验周期、外观完好无损，办理出入库清单并签字确认，装箱、装袋、装车并准备运输。

7）召开出车会：检查作业车辆合格，工器具、材料齐全，作业人员着装统一、身体状况和精神状态正常，确认准备工作就绪后司乘人员安全出车。

（2）现场准备阶段，流程图如图 4-63 所示。

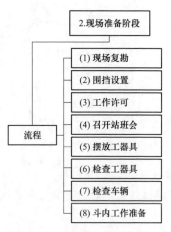

图 4-63　现场准备阶段流程图

1）现场复勘：核对确认线路名称、工作地点、工作内容，检查确认现场装置、环境符合作业条件，检查确认风速、湿度符合带电作业条件，检查工作票所列安全措施。

2）围挡设置：装设"在此工作、从此进出！"警示围栏，悬挂"止步，高压危险！"警示标示牌，设置"前方施工，请慢行"警示路障/导向牌，增设临时交通疏导人员并且人员均穿反光衣，增设临时交通疏导人员并且人员均穿反光衣。

3）工作许可：工作负责人申请工作许可，记录许可方式、工作许可人、工作许可时间并签名确认。

4）召开站班会：工作负责人列队宣读《工作票》，进行工作任务交底、安全措施交底、危险点告知，检查确认工作班成员精神状态良好，确认工作班成员安全交底知晓的签名，记录工作时间并签名确认，填写《安全交底卡》并签名确认。

5）摆放工器具：工器具分类摆放在防潮帆布上。

6）检查工器具：工器具试验合格周期核对，工器具外观检查和清洁，绝缘工具绝缘电阻检测不小于 $700M\Omega$，对绝缘手套应做充压气检测且检测结果不漏气，对安全带做冲击试验且试验结果应合格。

7）检查车辆：绝缘斗臂车停放位置合适，支腿支到垫板上、轮胎离地、车体可靠接地，空斗试操作运行正常（升降、伸缩、回转等）。

8）斗内工作准备：斗内电工必须穿戴好个人防护用具（绝缘安全帽、绝缘手套、绝缘服或披肩、护目镜、安全带等）进入绝缘斗并挂好安全挂钩，可携带工器具等入斗，准备开始斗内工作。

（3）现场作业阶段，流程图如图 4-64 所示。

1）进入作业区域：斗内电工操作绝缘斗臂车进入作业区域，作业过程中

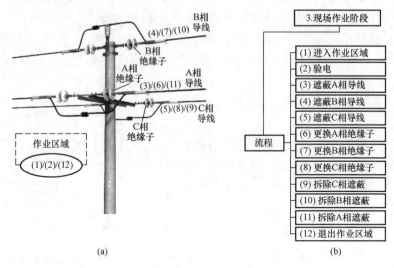

图 4-64 现场作业阶段流程图

（a）步骤示意图；（b）操作流程图

不应摘下绝缘防护用具；绝缘斗臂车的绝缘臂伸出有效长度应不小于 1m。

2）验电：斗内电工使用高压验电器对导线、横担等进行验电，确认无漏电现象后汇报给工作负责人。

3）遮蔽 A 相导线：遵照《作业指导书（卡）》操作。

4）遮蔽 B 相导线：遵照《作业指导书（卡）》操作。

5）遮蔽 C 相导线：遵照《作业指导书（卡）》操作。

6）更换 A 相绝缘子：遵照《作业指导书（卡）》操作。

7）更换 B 相绝缘子：遵照《作业指导书（卡）》操作。

8）更换 C 相绝缘子：遵照《作业指导书（卡）》操作。

9）拆除 C 相遮蔽：遵照《作业指导书（卡）》操作。

10）拆除 B 相遮蔽：遵照《作业指导书（卡）》操作。

11）拆除 A 相遮蔽：遵照《作业指导书（卡）》操作。

12）退出作业区域：斗内电工检查施工质量并确认工作已完成，检查杆上无遗留物后，操作绝缘斗臂车退出作业区域且返回地面。

（4）作业后的终结阶段，流程图如图 4-65 所示。

1）召开收工会：工作负责人对工作完成情况、安全措施落实情况、作业指导卡执行情况进行总结、点评。

2）清理现场：工作负责人组织班组成员整理工器具、材料，清洁后将其装箱、装袋、装车，清理现场做到"工完、料尽、场地清"，绝缘斗臂车各部位复位，绝缘斗臂车支腿已收回。

3）工作终结：工作负责人向工作许可人申请工作终结，记录许可方式、工作许可人、终结报告时间并签字确认，工作结束、撤离现场。

4）入库办理：工作负责人办理工器具（车辆）入库清单并签字确认。

5）资料上报：工作负责人负责资料上报、分类归档，完成任务单并签字确认。

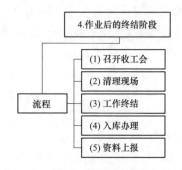

图 4-65　作业后的终结阶段流程图

4.2.10　绝缘手套作业法（绝缘斗臂车作业）带电更换熔断器 1 工作

本流程管控适用于如图 4-66 所示的直线分支杆（有熔断器，导线三角排列），采用绝缘手套作业法（绝缘斗臂车作业）带电更换熔断器 1 工作。

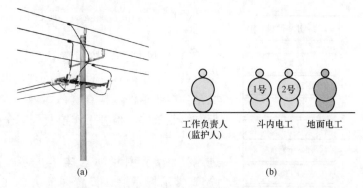

图 4-66　采用绝缘手套作业法（绝缘斗臂车作业）带电更换熔断器 1 工作
(a) 杆头外形图；(b) 人员分工示意图

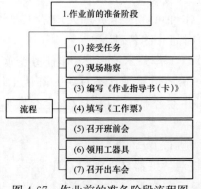

图 4-67　作业前的准备阶段流程图

（1）作业前的准备阶段，流程图如图 4-67 所示。

1）接受任务：明确工作地点、工作内容、计划工作时间等。

2）现场勘察：工作负责人或工作票签发人组织勘察工作，根据勘察结果确定作业方法、所需工具以及应采取的措施，《现场勘察记录》作为填写、签发《工作票》及编写《作业指导书（卡）》等的依据；开工前工作负责人应重新核对现场勘察情况，确认无变化后方可开工。

3）编写《作业指导书（卡）》：工作负责人编写《作业指导书（卡）》，并由编写人、审核人、审批人签名确认后生效。

4）填写《工作票》：工作负责人填写《工作票》，工作票签发人签发生效后，一份送至工作许可人处，一份由工作负责人收执并始终持票；如工作票实行"双签发"时，双方工作票负责人分别签发、各自承担相应的安全责任。

5）召开班前会：工作负责人组织学习《作业指导书（卡）》，明确作业方法、人员分工、工作职责、安全措施、作业步骤等，并填写《现场安全交底卡》。

6）领用工器具：核对工器具电压等级和试验周期、外观完好无损，办理出入库清单并签字确认，装箱、装袋、装车并准备运输。

7）召开出车会：检查作业车辆合格，工器具、材料齐全，作业人员着装统一、身体状况和精神状态正常，确认准备工作就绪后司乘人员安全出车。

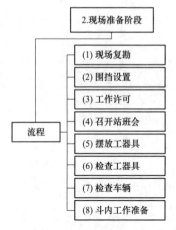

图 4-68　现场准备阶段流程图

（2）现场准备阶段，流程图如图 4-68 所示。

1）现场复勘：核对确认线路名称、工作地点、工作内容，检查确认现场装置、环境符合作业条件，检查确认风速、湿度符合带电作业条件，检查工作票所列安全措施。

2）围挡设置：装设"在此工作、从此进出！"警示围栏，悬挂"止步，高压危险！"警示标示牌，设置"前方施工，请慢行"警示路障/导向牌，增设临时交通疏导人员并且人员均穿反光衣，增设临时交通疏导人员并且人员均穿反光衣。

3）工作许可：工作负责人申请工作许可，记录许可方式、工作许可人、工作许可时间并签名确认。

4）召开站班会：工作负责人列队宣读《工作票》，进行工作任务交底、安全措施交底、危险点告知，检查确认工作班成员精神状态良好，确认工作班成员安全交底知晓的签名，记录工作时间并签名确认，填写《安全交底卡》并签名确认。

5）摆放工器具：工器具分类摆放在防潮帆布上。

6）检查工器具：工器具试验合格周期核对，工器具外观检查和清洁，绝缘工具绝缘电阻检测不小于 $700\mathrm{M}\Omega$，对绝缘手套应做充压气检测且检测结果不漏气，对安全带做冲击试验且试验结果应合格。

7）检查车辆：绝缘斗臂车停放位置合适，支腿支到垫板上、轮胎离地、车体可靠接地，空斗试操作运行正常（升降、伸缩、回转等）。

8）斗内工作准备：斗内电工必须穿戴好个人防护用具（绝缘安全帽、绝缘手套、绝缘服或披肩、护目镜、安全带等）进入绝缘斗并挂好安全挂钩，可携带工器具等入斗，准备开始斗内工作。

（3）现场作业阶段，流程图如图 4-69 所示。

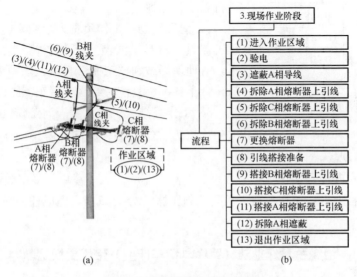

图 4-69　现场作业阶段流程图

(a) 步骤示意图；(b) 操作流程图

1）进入作业区域：斗内电工操作绝缘斗臂车进入作业区域，作业过程中不应摘下绝缘防护用具；绝缘斗臂车的绝缘臂伸出有效长度应不小于 1m。

2）验电：斗内电工使用高压验电器对导线、横担等进行验电，确认无漏电现象后汇报给工作负责人。

3）遮蔽 A 相导线：遵照《作业指导书（卡）》操作。

4）拆除 A 相熔断器上引线：遵照《作业指导书（卡）》操作。

5）拆除 C 相熔断器上引线：遵照《作业指导书（卡）》操作。

6）拆除 B 相熔断器上引线：遵照《作业指导书（卡）》操作。

7）更换熔断器：遵照《作业指导书（卡）》操作。

8）引线搭接准备：遵照《作业指导书（卡）》操作。

9）搭接 B 相熔断器上引线：遵照《作业指导书（卡）》操作。

10）搭接 C 相熔断器上引线：遵照《作业指导书（卡）》操作。

11）搭接 A 相熔断器上引线：遵照《作业指导书（卡）》操作。

12）拆除 A 相遮蔽：遵照《作业指导书（卡）》操作。

13）退出作业区域：斗内电工检查施工质量并确认工作已完成，检查杆上无遗留物后，操作绝缘斗臂车退出作业区域且返回地面。

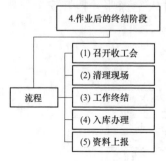

图 4-70　作业后的终结
阶段流程图

（4）作业后的终结阶段，流程图如图 4-70 所示。

1）召开收工会：工作负责人对工作完成情况、安全措施落实情况、作业指导卡执行情况进行总结、点评。

2）清理现场：工作负责人组织班组成员整理工器具、材料，清洁后将其装箱、装袋、装车，清理现场做到"工完、料尽、场地清"，绝缘斗臂车各部位复位，绝缘斗臂车支腿已收回。

3）工作终结：工作负责人向工作许可人申请工作终结，记录许可方式、工作许可人、终结报告时间并签字确认，工作结束、撤离现场。

4）入库办理：工作负责人办理工器具（车辆）入库清单并签字确认。

5）资料上报：工作负责人负责资料上报、分类归档，完成任务单并签字确认。

4.2.11　绝缘手套作业法（绝缘斗臂车作业）带电更换熔断器 2 工作

本流程管控适用于如图 4-71 所示的变台杆（有熔断器，导线三角排列），采用绝缘手套作业法（绝缘斗臂车作业）带电更换熔断器 2 工作。

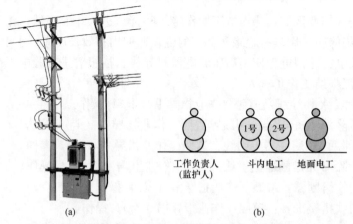

图 4-71　采用绝缘手套作业法（绝缘斗臂车作业）带电更换熔断器 2 工作
（a）杆头外形图；（b）人员分工示意图

（1）作业前的准备阶段，流程图如图 4-72 所示。

1）接受任务：明确工作地点、工作内容、计划工作时间等。

2）现场勘察：工作负责人或工作票签发人组织勘察工作，根据勘察结果确定作业方法、所需工具以及应采取的措施，《现场勘察记录》作为填写、签发《工作票》及编写《作业指导书（卡）》等的依据；开工前工作负责人应重新核对现场勘察情况，确认无变化后方可开工。

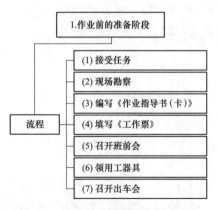

图 4-72　作业前的准备阶段流程图

3）编写《作业指导书（卡）》：工作负责人编写《作业指导书（卡）》，并由编写人、审核人、审批人签名确认后生效。

4）填写《工作票》：工作负责人填写《工作票》，工作票签发人签发生效后，一份送至工作许可人处，一份由工作负责人收执并始终持票；如工作票实行"双签发"时，双方工作票负责人分别签发、各自承担相应的安全责任。

5）召开班前会：工作负责人组织学习《作业指导书（卡）》，明确作业方法、人员分工、工作职责、安全措施、作业步骤等，并填写《现场安全交底卡》。

6）领用工器具：核对工器具电压等级和试验周期、外观完好无损，办理出入库清单并签字确认，装箱、装袋、装车并准备运输。

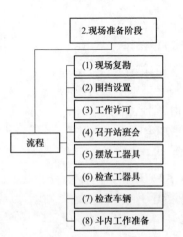

图 4-73　现场准备阶段流程图

7）召开出车会：检查作业车辆合格，工器具、材料齐全，作业人员着装统一、身体状况和精神状态正常，确认准备工作就绪后司乘人员安全出车。

（2）现场准备阶段，流程图如图 4-73 所示。

1）现场复勘：核对确认线路名称、工作地点、工作内容，检查确认现场装置、环境符合作业条件，检查确认风速、湿度符合带电作业条件，检查工作票所列安全措施。

2）围挡设置：装设"在此工作、从此进出！"警示围栏，悬挂"止步，高压危险！"警示标示牌，设置"前方施工，请慢行"警示路障/导向牌，增设临时交通疏导人员并且人员均穿反光衣，增设临时交通疏导人员并且人员均穿反光衣。

3）工作许可：工作负责人申请工作许可，记录许可方式、工作许可人、工作许可时间并签名确认。

4）召开站班会：工作负责人列队宣读《工作票》，进行工作任务交底、安全措施交底、危险点告知，检查确认工作班成员精神状态良好，确认工作班成员安全交底知晓的签名，记录工作时间并签名确认，填写《安全交底卡》并签名确认。

5）摆放工器具：工器具分类摆放在防潮帆布上。

6）检查工器具：工器具试验合格周期核对，工器具外观检查和清洁，绝缘工具绝缘电阻检测不小于 700MΩ，对绝缘手套应做充压气检测且检测结果不漏气，对安全带做冲击试验且试验结果应合格。

7）检查车辆：绝缘斗臂车停放位置合适，支腿支到垫板上、轮胎离地、车体可靠接地，空斗试操作运行正常（升降、伸缩、回转等）。

8）斗内工作准备：斗内电工必须穿戴好个人防护用具（绝缘安全帽、绝缘手套、绝缘服或披肩、护目镜、安全带等）进入绝缘斗并挂好安全挂钩，可携带工器具等入斗，准备开始斗内工作。

（3）现场作业阶段，流程图如图 4-74 所示。

1）进入作业区域：斗内电工操作绝缘斗臂车进入作业区域，作业过程中不应摘下绝缘防护用具；绝缘斗臂车的绝缘臂伸出有效长度应不小于 1m。

2）验电：斗内电工使用高压验电器对导线、横担等进行验电，确认无漏电现象后汇报给工作负责人。

3）遮蔽 A 相导线：遵照《作业指导书（卡）》操作。

4）遮蔽 B 相导线：遵照《作业指导书（卡）》操作。

5）遮蔽 C 相导线：遵照《作业指导书（卡）》操作。

6）拆除 A 相熔断器上引线：遵照《作业指导书（卡）》操作。

7）拆除 C 相熔断器上引线：遵照《作业指导书（卡）》操作。

8）拆除 B 相熔断器上引线：遵照《作业指导书（卡）》操作。

9）更换熔断器：遵照《作业指导书（卡）》操作。

10）引线搭接准备：遵照《作业指导书（卡）》操作。

11）搭接 B 相熔断器上引线：遵照《作业指导书（卡）》操作。

12）搭接 C 相熔断器上引线：遵照《作业指导书（卡）》操作。

13）拆除 C 相遮蔽：遵照《作业指导书（卡）》操作。

14）搭接 A 相熔断器上引线：遵照《作业指导书（卡）》操作。

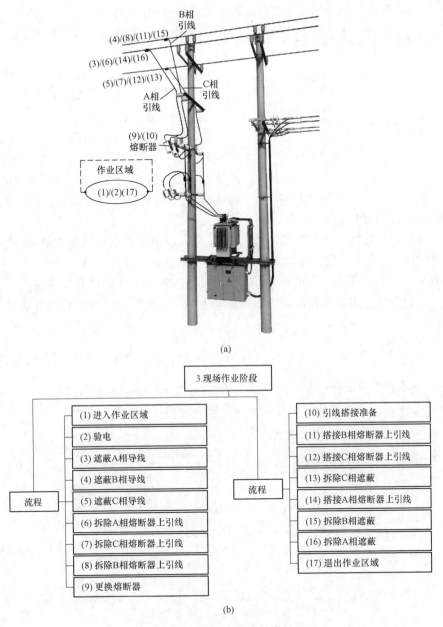

图 4-74 现场作业阶段流程

（a）步骤示意图；（b）操作流程图

15）拆除 B 相遮蔽：遵照《作业指导书（卡）》操作。

16）拆除 A 相遮蔽：遵照《作业指导书（卡）》操作。

17）退出作业区域：斗内电工检查施工质量并确认工作已完成，检查杆上无遗留物后，操作绝缘斗臂车退出作业区域且返回地面。

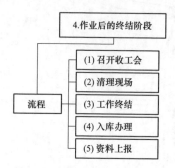

图 4-75　作业后的终结阶段流程图

（4）作业后的终结阶段，流程图如图 4-75 所示。

1）召开收工会：工作负责人对工作完成情况、安全措施落实情况、作业指导卡执行情况进行总结、点评。

2）清理现场：工作负责人组织班组成员整理工器具、材料，清洁后将其装箱、装袋、装车，清理现场做到"工完、料尽、场地清"，绝缘斗臂车各部位复位，绝缘斗臂车支腿已收回。

3）工作终结：工作负责人向工作许可人申请工作终结，记录许可方式、工作许可人、终结报告时间并签字确认，工作结束、撤离现场。

4）入库办理：工作负责人办理工器具（车辆）入库清单并签字确认。

5）资料上报：工作负责人负责资料上报、分类归档，完成任务单并签字确认。

4.3.12　绝缘手套作业法（绝缘斗臂车作业）带电更换隔离开关工作

本流程管控适用于如图 4-76 所示的隔离开关杆（导线三角排列），采用绝缘手套作业法（绝缘斗臂车作业）带电更换隔离开关工作。

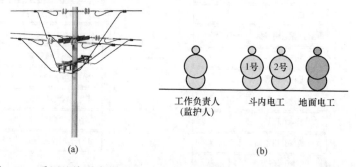

图 4-76　采用绝缘手套作业法（绝缘斗臂车作业）带电更换隔离开关工作
（a）杆头外形图；（b）人员分工示意图

（1）作业前的准备阶段，流程图如图 4-77 所示。

1）接受任务：明确工作地点、工作内容、计划工作时间等。

2）现场勘察：工作负责人或工作票签发人组织勘察工作，根据勘察结果确定作业方法、所需工具以及应采取的措施，《现场勘察记录》作为填写、签发《工作票》及编写《作业指导书（卡）》等的依据；开工前工作负责人应重

新核对现场勘察情况，确认无变化后方可开工。

3）编写《作业指导书（卡）》：工作负责人编写《作业指导书（卡）》，并由编写人、审核人、审批人签名确认后生效。

4）填写《工作票》：工作负责人填写《工作票》，工作票签发人签发生效后，一份送至工作许可人处，一份由工作负责人收执并始终持票；如工作票实行"双签发"时，双方工作票负责人分别签发、各自承担相应的安全责任。

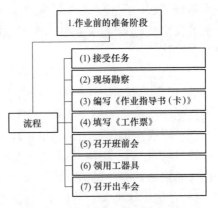

图 4-77　作业前的准备阶段流程图

5）召开班前会：工作负责人组织学习《作业指导书（卡）》，明确作业方法、人员分工、工作职责、安全措施、作业步骤等，并填写《现场安全交底卡》。

6）领用工器具：核对工器具电压等级和试验周期、外观完好无损，办理出入库清单并签字确认，装箱、装袋、装车并准备运输。

7）召开出车会：检查作业车辆合格，工器具、材料齐全，作业人员着装统一、身体状况和精神状态正常，确认准备工作就绪后司乘人员安全出车。

（2）现场准备阶段，流程图如图 4-78 所示。

1）现场复勘：核对确认线路名称、工作地点、工作内容，检查确认现场装置、环境符合作业条件，检查确认风速、湿度符合带电作业条件，检查工作票所列安全措施。

2）围挡设置：装设"在此工作、从此进出！"警示围栏，悬挂"止步，高压危险！"警示标示牌，设置"前方施工，请慢行"警示路障/导向牌，增设临时交通疏导人员并且人员均穿反光衣，增设临时交通疏导人员并且人员均穿反光衣。

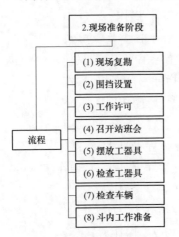

图 4-78　现场准备阶段流程图

3）工作许可：工作负责人申请工作许可，记录许可方式、工作许可人、工作许可时间并签名确认。

4）召开站班会：工作负责人列队宣读《工作票》，进行工作任务交底、

安全措施交底、危险点告知，检查确认工作班成员精神状态良好，确认工作班成员安全交底知晓的签名，记录工作时间并签名确认，填写《安全交底卡》并签名确认。

5）摆放工器具：工器具分类摆放在防潮帆布上。

6）检查工器具：工器具试验合格周期核对，工器具外观检查和清洁，绝缘工具绝缘电阻检测不小于 700MΩ，对绝缘手套应做充压气检测且检测结果不漏气，对安全带做冲击试验且试验结果应合格。

7）检查车辆：绝缘斗臂车停放位置合适，支腿支到垫板上、轮胎离地、车体可靠接地，空斗试操作运行正常（升降、伸缩、回转等）。

8）斗内工作准备：斗内电工必须穿戴好个人防护用具（绝缘安全帽、绝缘手套、绝缘服或披肩、护目镜、安全带等）进入绝缘斗并挂好安全挂钩，可携带工器具等上斗，准备开始斗内工作。

（3）现场作业阶段，流程图如图 4-79 所示。

1）进入作业区域：斗内电工操作绝缘斗臂车进入作业区域，作业过程中不应摘下绝缘防护用具；绝缘斗臂车的绝缘臂伸出有效长度应不小于1m。

2）验电：斗内电工使用高压验电器对导线、横担等进行验电，确认无漏电现象后汇报给工作负责人。

3）遮蔽 A 相导线：遵照《作业指导书（卡）》操作。

4）遮蔽 B 相导线：遵照《作业指导书（卡）》操作。

5）遮蔽 C 相导线：遵照《作业指导书（卡）》操作。

6）拆除 A 相隔离开关引线：遵照《作业指导书（卡）》操作。

7）拆除 C 相隔离开关引线：遵照《作业指导书（卡）》操作。

8）拆除 B 相隔离开关引线：遵照《作业指导书（卡）》操作。

9）更换隔离开关：遵照《作业指导书（卡）》操作。

10）引线搭接准备：遵照《作业指导书（卡）》操作。

11）搭接 B 相隔离开关引线：遵照《作业指导书（卡）》操作。

12）搭接 C 相隔离开关引线：遵照《作业指导书（卡）》操作。

13）拆除 C 相遮蔽：遵照《作业指导书（卡）》操作。

14）搭接 A 相隔离开关引线：遵照《作业指导书（卡）》操作。

15）拆除 B 相遮蔽：遵照《作业指导书（卡）》操作。

16）拆除 A 相遮蔽：遵照《作业指导书（卡）》操作。

17）退出作业区域：斗内电工检查施工质量并确认工作已完成，检查杆上无遗留物后，操作绝缘斗臂车退出作业区域且返回地面。

（4）作业后的终结阶段，流程图如图 4-80 所示。

1）召开收工会：工作负责人对工作完成情况、安全措施落实情况、作业

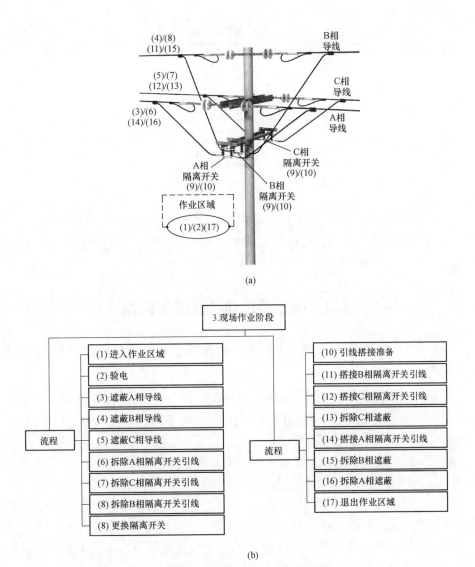

图 4-79 现场作业阶段流程图

（a）步骤示意图；（b）操作流程图

指导卡执行情况进行总结、点评。

2）清理现场：工作负责人组织班组成员整理工器具、材料，清洁后将其装箱、装袋、装车，清理现场做到"工完、料尽、场地清"，绝缘斗臂车各部位复位，绝缘斗臂车支腿已收回。

3）工作终结：工作负责人向工作许可人申请工作终结，记录许可方式、工作许可人、终结报告时间并签字确认，工作结束、撤离现场。

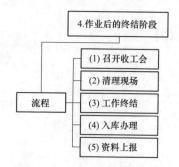

图 4-80　作业后的终结阶段流程图

4）入库办理：工作负责人办理工器具（车辆）入库清单并签字确认。

5）资料上报：工作负责人负责资料上报、分类归档，完成任务单并签字确认。

4.3　第三类作业项目流程管控

4.3.1　绝缘手套作业法（绝缘斗臂车作业）带电断空载电缆线路引线工作

本流程管控适用于如图 4-81 所示的电缆引下杆（经支柱型避雷器，导线三角排列，主线引线在线夹处搭接），采用绝缘手套作业法（绝缘斗臂车作业）带电断空载电缆线路引线工作。

（1）作业前的准备阶段，流程图如图 4-82 所示。

1）接受任务：明确工作地点、工作内容、计划工作时间等。

2）现场勘察：工作负责人或工作票签发人组织勘察工作，根据勘察结果确定作业方法、所需工具以及应采取的措施，《现场勘察记录》作为填写、签发《工作票》及编写《作业指导书（卡）》等的依据；开工前工作负责人应重新核对现场勘察情况，确认无变化后方可开工。

3）编写《作业指导书（卡）》：工作负责人编写《作业指导书（卡）》，并由编写人、审核人、审批人签名确认后生效。

4）填写《工作票》：工作负责人填写《工作票》，工作票签发人签发生效后，一份送至工作许可人处，一份由工作负责人收执并始终持票；如工作票实行"双签发"时，双方工作票负责人分别签发、各自承担相应的安全责任。

5）召开班前会：工作负责人组织学习《作业指导书（卡）》，明确作业方法、人员分工、工作职责、安全措施、作业步骤等，并填写《现场安全交底卡》。

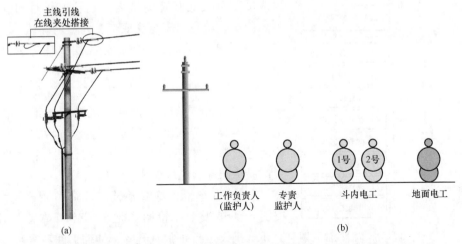

图 4-81 采用绝缘手套作业法（绝缘斗臂车作业）带电断空载电缆线路引线工作

(a) 杆头外形图；(b) 人员分工示意图

6）领用工器具：核对工器具电压等级和试验周期、外观完好无损，办理出入库清单并签字确认，装箱、装袋、装车并准备运输。

7）召开出车会：检查作业车辆合格，工器具、材料齐全、作业人员着装统一、身体状况和精神状态正常，确认准备工作就绪后司乘人员安全出车。

（2）现场准备阶段，流程图如图4-83所示。

1）现场复勘：核对确认线路名称、

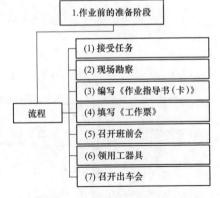

图 4-82 作业前的准备阶段流程图

工作地点、工作内容，检查确认现场装置、环境符合作业条件，检查确认风速、湿度符合带电作业条件，检查工作票所列安全措施。

2）围挡设置：装设"在此工作、从此进出！"警示围栏，悬挂"止步，高压危险！"警示标示牌，设置"前方施工，请慢行"警示路障/导向牌，增设临时交通疏导人员并且人员均穿反光衣，增设临时交通疏导人员并且人员均穿反光衣。

3）工作许可：工作负责人申请工作许可，记录许可方式、工作许可人、工作许可时间并签名确认。

4）召开站班会：工作负责人列队宣读《工作票》，进行工作任务交底、安全措施交底、危险点告知，检查确认工作班成员精神状态良好，确认工作

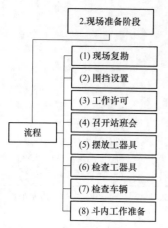

图 4-83　现场准备阶段流程图

班成员安全交底知晓的签名，记录工作时间并签名确认，填写《安全交底卡》并签名确认。

5）摆放工器具：工器具分类摆放在防潮帆布上。

6）检查工器具：工器具试验合格周期核对，工器具外观检查和清洁，绝缘工具绝缘电阻检测不小于 700MΩ，对绝缘手套应做充压气检测且检测结果不漏气，对安全带做冲击试验且试验结果应合格。

7）检查车辆：绝缘斗臂车停放位置合适，支腿支到垫板上、轮胎离地、车体可靠接地，空斗试操作运行正常（升降、伸缩、回转等）。

8）斗内工作准备：斗内电工必须穿戴好个人防护用具（绝缘安全帽、绝缘手套、绝缘服或披肩、护目镜、安全带等）进入绝缘斗并挂好安全挂钩，可携带工器具等入斗，准备开始斗内工作。

（3）现场作业阶段，流程图如图 4-84 所示。

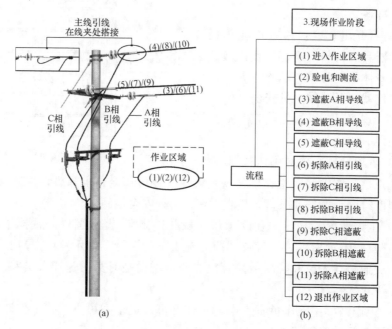

图 4-84　现场作业阶段流程图

（a）步骤示意图；（b）操作流程图

1）进入作业区域：斗内电工操作绝缘斗臂车进入作业区域，作业过程中不应摘下绝缘防护用具；绝缘斗臂车的绝缘臂伸出有效长度应不小于1m。

2）验电和测流：斗内电工使用高压验电器对导线、横担等进行验电，确认无漏电现象后汇报给工作负责人；测量三相出线电缆空载电流（应不大于5A），并汇报给工作负责人。

3）遮蔽A相导线：遵照《作业指导书（卡）》操作。

4）遮蔽B相导线：遵照《作业指导书（卡）》操作。

5）遮蔽C相导线：遵照《作业指导书（卡）》操作。

6）拆除A相引线：遵照《作业指导书（卡）》操作。

7）拆除C相引线：遵照《作业指导书（卡）》操作。

8）拆除B相引线：遵照《作业指导书（卡）》操作。

9）拆除C相遮蔽：遵照《作业指导书（卡）》操作。

10）拆除B相遮蔽：遵照《作业指导书（卡）》操作。

11）拆除A相遮蔽：遵照《作业指导书（卡）》操作。

12）退出作业区域：斗内电工检查施工质量并确认工作已完成，检查杆上无遗留物后，操作绝缘斗臂车退出作业区域且返回地面。

（4）作业后的终结阶段，流程如图4-85所示。

1）召开收工会：工作负责人对工作完成情况、安全措施落实情况、作业指导卡执行情况进行总结、点评。

2）清理现场：工作负责人组织班组成员整理工器具、材料，清洁后将其装箱、装袋、装车，清理现场做到"工完、料尽、场地清"，绝缘斗臂车各部位复位，绝缘斗臂车支腿已收回。

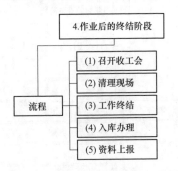

图4-85　作业后的终结阶段流程图

3）工作终结：工作负责人向工作许可人申请工作终结，记录许可方式、工作许可人、终结报告时间并签字确认，工作结束、撤离现场。

4）入库办理：工作负责人办理工器具（车辆）入库清单并签字确认。

5）资料上报：工作负责人负责资料上报、分类归档，完成任务单并签字确认。

4.3.2　绝缘手套作业法（绝缘斗臂车作业）带电接空载电缆线路引线工作

本流程管控适用于如图4-86所示的电缆引下杆（经支柱型避雷器，导线三角排列，主线引线在线夹处搭接），采用绝缘手套作业法（绝缘斗臂车作业）带电接空载电缆线路引线工作。

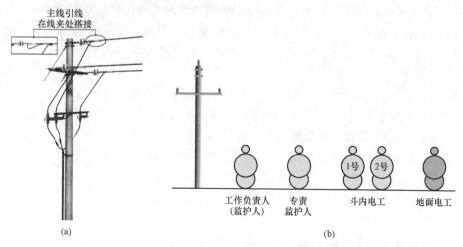

图 4-86 采用绝缘手套作业法（绝缘斗臂车作业）带电接空载电缆线路引线工作
(a) 杆头外形图；(b) 人员分工示意图

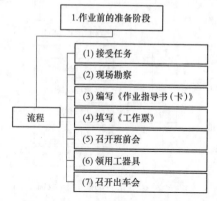

图 4-87 作业前的准备阶段流程图

（1）作业前的准备阶段，流程图如图 4-87 所示。

1）接受任务：明确工作地点、工作内容、计划工作时间等。

2）现场勘察：工作负责人或工作票签发人组织勘察工作，根据勘察结果确定作业方法、所需工具以及应采取的措施，《现场勘察记录》作为填写、签发《工作票》及编写《作业指导书（卡）》等的依据；开工前工作负责人应重新核对现场勘察情况，确认无变化后方可开工。

3）编写《作业指导书（卡）》：工作负责人编写《作业指导书（卡）》，并由编写人、审核人、审批人签名确认后生效。

4）填写《工作票》：工作负责人填写《工作票》，工作票签发人签发生效后，一份送至工作许可人处，一份由工作负责人收执并始终持票；如工作票实行"双签发"时，双方工作票负责人分别签发、各自承担相应的安全责任。

5）召开班前会：工作负责人组织学习《作业指导书（卡）》，明确作业方法、人员分工、工作职责、安全措施、作业步骤等，并填写《现场安全交底卡》。

6）领用工器具：核对工器具电压等级和试验周期、外观完好无损，办理出入库清单并签字确认，装箱、装袋、装车并准备运输。

7）召开出车会：检查作业车辆合格，工器具、材料齐全，作业人员着装统一、身体状况和精神状态正常，确认准备工作就绪后司乘人员安全出车。

（2）现场准备阶段，流程图如图 4-88 所示。

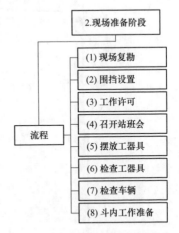

图 4-88　现场准备阶段流程图

1）现场复勘：核对确认线路名称、工作地点、工作内容，检查确认现场装置、环境符合作业条件，检查确认风速、湿度符合带电作业条件，检查工作票所列安全措施。

2）围挡设置：装设"在此工作、从此进出！"警示围栏，悬挂"止步，高压危险！"警示标示牌，设置"前方施工，请慢行"警示路障/导向牌，增设临时交通疏导人员并且人员均穿反光衣，增设临时交通疏导人员并且人员均穿反光衣。

3）工作许可：工作负责人申请工作许可，记录许可方式、工作许可人、工作许可时间并签名确认。

4）召开站班会：工作负责人列队宣读《工作票》，进行工作任务交底、安全措施交底、危险点告知，检查确认工作班成员精神状态良好，确认工作班成员安全交底知晓的签名，确认记录工作时间的签名，填写《安全交底卡》并签名确认。

5）摆放工器具：工器具分类摆放在防潮帆布上。

6）检查工器具：工器具试验合格周期核对，工器具外观检查和清洁，绝缘工具绝缘电阻检测不小于 700MΩ，对绝缘手套应做充压气检测且检测结果不漏气，对安全带做冲击试验且试验结果应合格。

7）检查车辆：绝缘斗臂车停放位置合适，支腿支到垫板上、轮胎离地、车体可靠接地，空斗试操作运行正常（升降、伸缩、回转等）。

8）斗内工作准备：斗内电工必须穿戴好个人防护用具（绝缘安全帽、绝缘手套、绝缘服或披肩、护目镜、安全带等）进入绝缘斗并挂好安全挂钩，可携带工器具等入斗，准备开始斗内工作。

（3）现场作业阶段，流程图如图 4-89 所示。

1）进入作业区域：斗内电工操作绝缘斗臂车进入作业区域，作业过程中不应摘下绝缘防护用具；绝缘斗臂车的绝缘臂伸出有效长度应不小

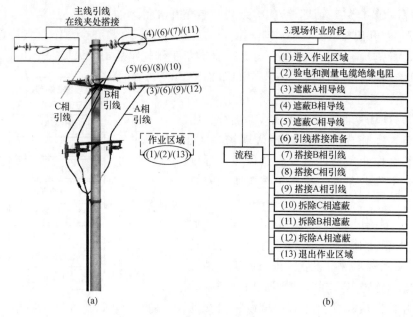

图 4-89 现场作业阶段流程图

（a）步骤示意图；（b）操作流程图

于 1m。

2）验电和测量电缆绝缘电阻：斗内电工使用高压验电器对导线、横担等进行验电，确认无漏电现象后汇报给工作负责人；测量空载电缆相间、相地绝缘电阻（应不小于 500MΩ），确认无接地情况汇报给工作负责人。

3）遮蔽 A 相导线：遵照《作业指导书（卡）》操作。

4）遮蔽 B 相导线：遵照《作业指导书（卡）》操作。

5）遮蔽 C 相导线：遵照《作业指导书（卡）》操作。

6）引线搭接准备：遵照《作业指导书（卡）》操作。

7）搭接 B 相引线：遵照《作业指导书（卡）》操作。

8）搭接 C 相引线：遵照《作业指导书（卡）》操作。

9）搭接 A 相引线：遵照《作业指导书（卡）》操作。

10）拆除 C 相遮蔽：遵照《作业指导书（卡）》操作。

11）拆除 B 相遮蔽：遵照《作业指导书（卡）》操作。

12）拆除 A 相遮蔽：遵照《作业指导书（卡）》操作。

13）退出作业区域：斗内电工检查施工质量并确认工作已完成，检查杆上无遗留物后，操作绝缘斗臂车退出作业区域且返回地面。

（4）作业后的终结阶段，流程图如图 4-90 所示。

1）召开收工会：工作负责人对工作完成情况、安全措施落实情况、作业指导卡执行情况进行总结、点评。

2）清理现场：工作负责人组织班组成员整理工器具、材料，清洁后将其装箱、装袋、装车，清理现场做到"工完、料尽、场地清"，绝缘斗臂车各部位复位，绝缘斗臂车支腿已收回。

3）工作终结：工作负责人向工作许可人申请工作终结，记录许可方式、工作许可人、终结报告时间并签字确认，工作结束、撤离现场。

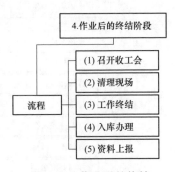

图 4-90　作业后的终结
阶段流程图

4）入库办理：工作负责人办理工器具（车辆）入库清单并签字确认。

5）资料上报：工作负责人负责资料上报、分类归档，完成任务单并签字确认。

4.3.3　绝缘手套作业法（绝缘斗臂车作业）带负荷更换导线非承力线夹工作

本流程管控适用于如图 4-91 所示的直线耐张杆（导线三角排列），采用绝缘手套作业法（绝缘斗臂车作业）带负荷更换导线非承力线夹工作。

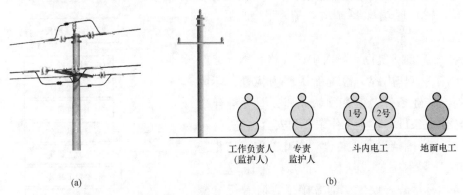

图 4-91　采用绝缘手套作业法（绝缘斗臂车作业）带负荷更换导线非承力线夹工作
(a) 杆头外形图；(b) 人员分工示意图

（1）作业前的准备阶段，流程图如图 4-92 所示。

1）接受任务：明确工作地点、工作内容、计划工作时间等。

2）现场勘察：工作负责人或工作票签发人组织勘察工作，根据勘察结果确定作业方法、所需工具以及应采取的措施，《现场勘察记录》作为填写、签

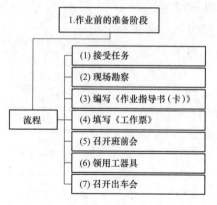

图 4-92 作业前的准备阶段流程图

发《工作票》及编写《作业指导书（卡）》等的依据；开工前工作负责人应重新核对现场勘察情况，确认无变化后方可开工。

3）编写《作业指导书（卡）》：工作负责人编写《作业指导书（卡）》，并由编写人、审核人、审批人签名确认后生效。

4）填写《工作票》：工作负责人填写《工作票》，工作票签发人签发生效后，一份送至工作许可人处，一份由工作负责人收执并始终持票；如工作票实行"双签发"时，双方工作票负责人分别签发、各自承担相应的安全责任。

5）召开班前会：工作负责人组织学习《作业指导书（卡）》，明确作业方法、人员分工、工作职责、安全措施、作业步骤等，并填写《现场安全交底卡》。

6）领用工器具：核对工器具电压等级和试验周期、外观完好无损，办理出入库清单并签字确认，装箱、装袋、装车并准备运输。

7）召开出车会：检查作业车辆合格，工器具、材料齐全，作业人员着装统一、身体状况和精神状态正常，确认准备工作就绪后司乘人员安全出车。

（2）现场准备阶段，流程图如图 4-93 所示。

1）现场复勘：核对确认线路名称、工作地点、工作内容，检查确认现场装置、环境符合作业条件，检查确认风速、湿度符合带电作业条件，检查工作票所列安全措施。

2）围挡设置：装设"在此工作、从此进出！"警示围栏，悬挂"止步，高压危险！"警示标示牌，设置"前方施工，请慢行"警示路障/导向牌，增设临时交通疏导人员并且人员均穿反光衣，增设临时交通疏导人员并且人员均穿反光衣。

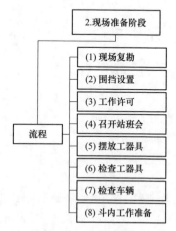

图 4-93 现场准备阶段流程图

3）工作许可：工作负责人申请工作许可，记录许可方式、工作许可人、工作许可时间并签名确认。

4）召开站班会：工作负责人列队宣读《工作票》，进行工作任务交底、

安全措施交底、危险点告知，检查确认工作班成员精神状态良好，确认工作班成员安全交底知晓的签名，记录工作时间并签名确认，填写《安全交底卡》并签名确认。

5）摆放工器具：工器具分类摆放在防潮帆布上。

6）检查工器具：工器具试验合格周期核对，工器具外观检查和清洁，绝缘工具绝缘电阻检测不小于700MΩ，对绝缘手套应做充压气检测且检测结果不漏气，对安全带做冲击试验且试验结果应合格。

7）检查车辆：绝缘斗臂车停放位置合适，支腿支到垫板上、轮胎离地、车体可靠接地，空斗试操作运行正常（升降、伸缩、回转等）。

8）斗内工作准备：斗内电工必须穿戴好个人防护用具（绝缘安全帽、绝缘手套、绝缘服或披肩、护目镜、安全带等）进入绝缘斗并挂好安全挂钩，可携带工器具等入斗，准备开始斗内工作。

（3）现场作业阶段，流程图如图4-94所示。

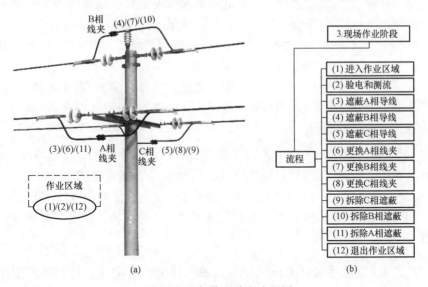

图4-94 现场作业阶段流程图

(a) 步骤示意图；(b) 操作流程图

1）进入作业区域：斗内电工操作绝缘斗臂车进入作业区域，作业过程中不应摘下绝缘防护用具；绝缘斗臂车的绝缘臂伸出有效长度应不小于1m。

2）验电和测流：斗内电工使用高压验电器对导线、横担等进行验电，确认无漏电现象后汇报给工作负责人；测量线路负荷电流（不大于绝缘引流线额定电流）并汇报给工作负责人。

3）遮蔽 A 相导线：遵照《作业指导书（卡）》操作。

4）遮蔽 B 相导线：遵照《作业指导书（卡）》操作。

5）遮蔽 C 相导线：遵照《作业指导书（卡）》操作。

6）更换 A 相线夹：遵照《作业指导书（卡）》操作。

7）更换 B 相线夹：遵照《作业指导书（卡）》操作。

8）更换 C 相线夹：遵照《作业指导书（卡）》操作。

9）拆除 C 相遮蔽：遵照《作业指导书（卡）》操作。

10）拆除 B 相遮蔽：遵照《作业指导书（卡）》操作。

11）拆除 A 相遮蔽：遵照《作业指导书（卡）》操作。

12）退出作业区域：斗内电工检查施工质量并确认工作已完成，检查杆上无遗留物后，操作绝缘斗臂车退出作业区域且返回地面。

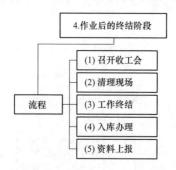

图 4-95　作业后的终结阶段流程图

（4）作业后的终结阶段，流程图如图 4-95 所示。

1）召开收工会：工作负责人对工作完成情况、安全措施落实情况、作业指导卡执行情况进行总结、点评。

2）清理现场：工作负责人组织班组成员整理工器具、材料，清洁后将其装箱、装袋、装车，清理现场做到"工完、料尽、场地清"，绝缘斗臂车各部位复位，绝缘斗臂车支腿已收回。

3）工作终结：工作负责人向工作许可人申请工作终结，记录许可方式、工作许可人、终结报告时间并签字确认，工作结束、撤离现场。

4）入库办理：工作负责人办理工器具（车辆）入库清单并签字确认。

5）资料上报：工作负责人负责资料上报、分类归档，完成任务单并签字确认。

4.3.4　绝缘手套作业法（绝缘斗臂车作业）带电组立直线电杆工作

本流程管控适用于如图 4-96 所示的直线杆（导线三角排列），采用绝缘手套作业法（绝缘斗臂车作业）带电组立直线电杆工作。

（1）作业前的准备阶段，流程图如图 4-97 所示。

1）接受任务：明确工作地点、工作内容、计划工作时间等。

2）现场勘察：工作负责人或工作票签发人组织勘察工作，根据勘察结果确定作业方法、所需工具以及应采取的措施，《现场勘察记录》作为填写、签发《工作票》及编写《作业指导书（卡）》等的依据；开工前工作负责人应重

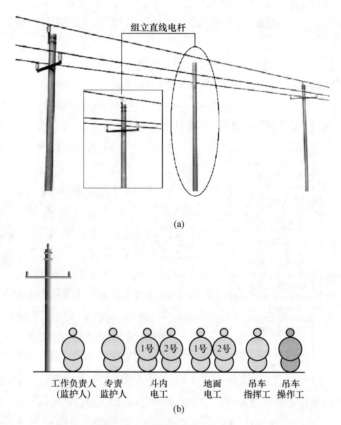

(a)

(b)

图 4-96 采用绝缘手套作业法（绝缘斗臂车作业）带电组立直线电杆工作

（a）直线杆和杆头外形图；（b）人员分工示意图

新核对现场勘察情况，确认无变化后方可开工。

3）编写《作业指导书（卡）》：工作负责人编写《作业指导书（卡）》，并由编写人、审核人、审批人签名确认后生效。

4）填写《工作票》：工作负责人填写《工作票》，工作票签发人签发生效后，一份送至工作许可人处，一份由工作负责人收执并始终持票；如工作票实行"双签发"时，双方工作票负责人分别签发、各自承担相应的安全责任。

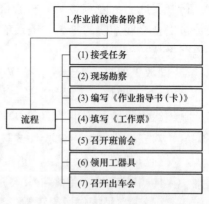

图 4-97 作业前的准备阶段流程图

5）召开班前会：工作负责人组织学习《作业指导书（卡）》，明确作业方法、人员分工、工作职责、安全措施、作业步骤等，并填写《现场安全交底卡》。

6）领用工器具：核对电压等级和试验周期、外观完好无损，办理出入库清单并签字确认，装箱、装袋、装车并准备运输。

7）召开出车会：检查作业车辆合格，工器具、材料齐全，作业人员着装统一、身体状况和精神状态正常，确认准备工作就绪后司乘人员安全出车。

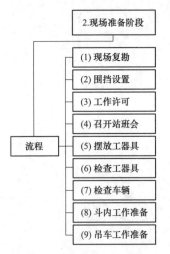

图 4-98 现场准备阶段流程图

（2）现场准备阶段，流程图如图 4-98 所示。

1）现场复勘：核对确认线路名称、工作地点、工作内容，检查确认现场装置、环境符合作业条件，检查确认风速、湿度符合带电作业条件，检查工作票所列安全措施。

2）围挡设置：装设"在此工作、从此进出！"警示围栏，悬挂"止步，高压危险！"警示标示牌，设置"前方施工，请慢行"警示路障/导向牌，增设临时交通疏导人员并且人员均穿反光衣，增设临时交通疏导人员并且人员均穿反光衣。

3）工作许可：工作负责人申请工作许可，记录许可方式、工作许可人、工作许可时间并签名确认。

4）召开站班会：工作负责人列队宣读《工作票》，进行工作任务交底、安全措施交底、危险点告知，检查确认工作班成员精神状态良好，确认工作班成员安全交底知晓的签名，记录工作时间并签名确认，填写《安全交底卡》并签名确认。

5）摆放工器具：工器具分类摆放在防潮帆布上。

6）检查工器具：工器具试验合格周期核对，工器具外观检查和清洁，绝缘工具绝缘电阻检测不小于 700MΩ，对绝缘手套应做充压气检测且检测结果不漏气，对安全带做冲击试验且试验结果应合格。

7）检查车辆：绝缘斗臂车和吊车停放位置合适，支腿支到垫板上、轮胎离地、车体可靠接地，绝缘斗臂车进行空斗试操作运行正常（升降、伸缩、回转等），吊车空吊操作运行正常。

8）斗内工作准备：斗内电工必须穿戴好个人防护用具（绝缘安全帽、绝缘手套、绝缘服或披肩、护目镜、安全带等）进入绝缘斗并挂好安全挂钩，可携带工器具等入斗，准备开始斗内工作。

9）吊车工作准备：吊车操作工穿好绝缘鞋或绝缘靴进入操作室，吊车指挥人员和工作负责人做好起吊前的准备工作。

（3）现场作业阶段，流程图如图 4-99 所示。

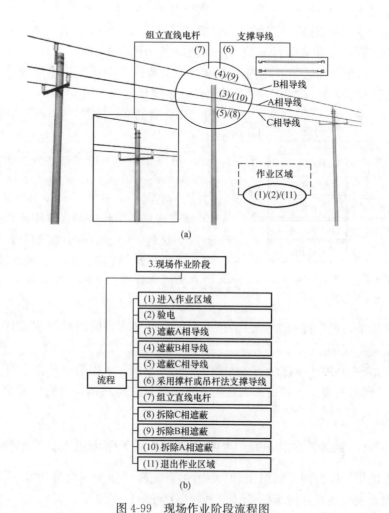

图 4-99　现场作业阶段流程图
（a）步骤示意图；（b）操作流程图

1）进入作业区域：斗内电工操作绝缘斗臂车进入作业区域，作业过程中不应摘下绝缘防护用具；绝缘斗臂车的绝缘臂伸出有效长度应不小于 1m。

2）验电：斗内电工使用高压验电器对三相导线进行验电，确认导线带电，汇报给工作负责人。

3）遮蔽 A 相导线：遵照《作业指导书（卡）》操作。

4）遮蔽 B 相导线：遵照《作业指导书（卡）》操作。

5）遮蔽 C 相导线：遵照《作业指导书（卡）》操作。

6）采用撑杆或吊杆法支撑导线：遵照《作业指导书（卡）》操作。

7）组立直线电杆：遵照《作业指导书（卡）》操作。

8）拆除 C 相遮蔽：遵照《作业指导书（卡）》操作。

9）拆除 B 相遮蔽：遵照《作业指导书（卡）》操作。

10）拆除 A 相遮蔽：遵照《作业指导书（卡）》操作。

11）退出作业区域：斗内电工检查施工质量并确认工作已完成，检查杆上无遗留物后，操作绝缘斗臂车退出作业区域且返回地面。

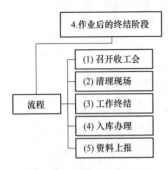

图 4-100 作业后的终结
阶段流程图

（4）作业后的终结阶段，流程图如图 4-100 所示。

1）召开收工会：工作负责人对工作完成情况、安全措施落实情况、作业指导卡执行情况进行总结、点评。

2）清理现场：工作负责人组织班组成员整理工器具、材料，清洁后将其装箱、装袋、装车，清理现场做到"工完、料尽、场地清"，绝缘斗臂车各部位复位，绝缘斗臂车支腿已收回。

3）工作终结：工作负责人向工作许可人申请工作终结，记录许可方式、工作许可人、终结报告时间并签字确认，工作结束、撤离现场。

4）入库办理：工作负责人办理工器具（车辆）入库清单并签字确认。

5）资料上报：工作负责人负责资料上报、分类归档，完成任务单并签字确认。

4.3.5 绝缘手套作业法（绝缘斗臂车作业）带电更换直线电杆工作

本流程管控适用于如图 4-101 所示的直线杆（导线三角排列），采用绝缘手套作业法（绝缘斗臂车作业）带电更换直线电杆工作。

（1）作业前的准备阶段，流程图如图 4-102 所示。

1）接受任务：明确工作地点、工作内容、计划工作时间等。

2）现场勘察：工作负责人或工作票签发人组织勘察工作，根据勘察结果确定作业方法、所需工具以及应采取的措施，《现场勘察记录》作为填写、签发《工作票》及编写《作业指导书（卡）》等的依据；开工前工作负责人应重新核对现场勘察情况，确认无变化后方可开工。

3）编写《作业指导书（卡）》：工作负责人编写《作业指导书（卡）》，并

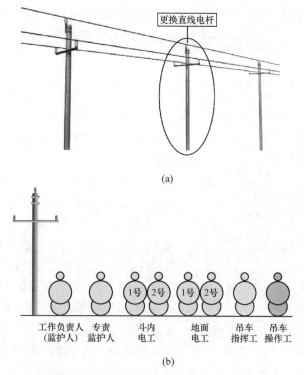

图 4-101 采用绝缘手套作业法（绝缘斗臂车作业）带电更换直线电杆工作
（a）直线杆和杆头外形图；（b）人员分工示意图

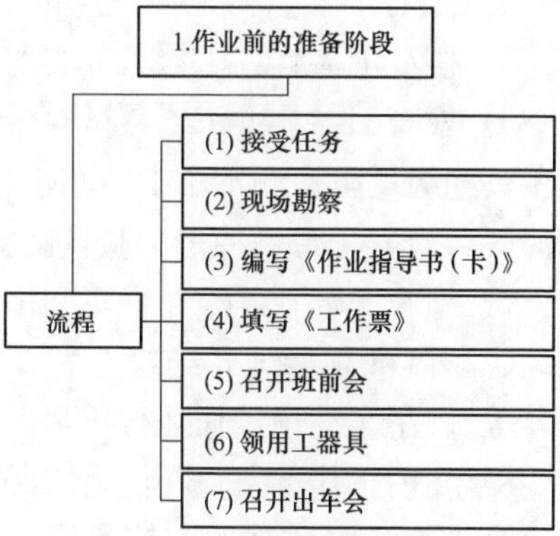

由编写人、审核人、审批人签名确认后
生效。

4）填写《工作票》：工作负责人填
写《工作票》，工作票签发人签发生效
后，一份送至工作许可人处，一份由工
作负责人收执并始终持票；如工作票实
行"双签发"时，双方工作票负责人分
别签发、各自承担相应的安全责任。

5）召开班前会：工作负责人组织
学习《作业指导书（卡）》，明确作业
方法、人员分工、工作职责、安全措施、作业步骤等，并填写《现场安全
交底卡》。

6）领用工器具：核对工器具电压等级和试验周期、外观完好无损，办理
出入库清单并签字确认，装箱、装袋、装车并准备运输。

7）召开出车会：检查作业车辆合格，工器具、材料齐全，作业人员着装

图 4-102 作业前的准备阶段流程图

统一、身体状况和精神状态正常，确认准备工作就绪后司乘人员安全出车。

（2）现场准备阶段，流程图如图 4-103 所示。

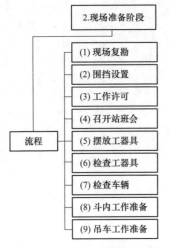

图 4-103　现场准备阶段流程图

1）现场复勘：核对确认线路名称、工作地点、工作内容，检查确认现场装置、环境符合作业条件，检查确认风速、湿度符合带电作业条件，检查工作票所列安全措施。

2）围挡设置：装设"在此工作、从此进出！"警示围栏，悬挂"止步，高压危险！"警示标示牌，设置"前方施工，请慢行"警示路障/导向牌，增设临时交通疏导人员并且人员均穿反光衣，增设临时交通疏导人员并且人员均穿反光衣。

3）工作许可：工作负责人申请工作许可，记录许可方式、工作许可人、工作许可时间并签名确认。

4）召开站班会：工作负责人列队宣读《工作票》，进行工作任务交底、安全措施交底、危险点告知，检查确认工作班成员精神状态良好，确认工作班成员安全交底知晓的签名，记录工作时间并签名确认，填写《安全交底卡》并签名确认。

5）摆放工器具：工器具分类摆放在防潮帆布上。

6）检查工器具：工器具试验合格周期核对，工器具外观检查和清洁，绝缘工具绝缘电阻检测不小于 $700M\Omega$，对绝缘手套应做充压气检测且检测结果不漏气，对安全带做冲击试验且试验结果应合格。

7）检查车辆：绝缘斗臂车和吊车停放位置合适，支腿支到垫板上、轮胎离地、车体可靠接地，绝缘斗臂车进行空斗试操作运行正常（升降、伸缩、回转等），吊车空吊操作运行正常。

8）斗内工作准备：斗内电工必须穿戴好个人防护用具（绝缘安全帽、绝缘手套、绝缘服或披肩、护目镜、安全带等）进入绝缘斗并挂好安全挂钩，可携带工器具等入斗，准备开始斗内工作。

9）吊车工作准备：吊车操作工穿好绝缘鞋或绝缘靴进入操作室，吊车指挥人员和工作负责人做好起吊前的准备工作。

（3）现场作业阶段，流程图如图 4-104 所示。

1）进入作业区域：斗内电工操作绝缘斗臂车进入作业区域，作业过程中不应摘下绝缘防护用具；绝缘斗臂车的绝缘臂伸出有效长度应不小于 1m。

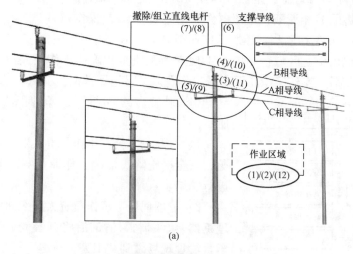

(a)

(b)

图 4-104　现场作业阶段流程图

（a）步骤示意图；（b）操作流程图

2）验电：斗内电工使用高压验电器对导线、横担等进行验电，确认导线带电，汇报给工作负责人。

3）遮蔽 A 相导线：遵照《作业指导书（卡）》操作。

4）遮蔽 B 相导线：遵照《作业指导书（卡）》操作。

5）遮蔽 C 相导线：遵照《作业指导书（卡）》操作。

6）采用撑杆或吊杆法支撑导线：遵照《作业指导书（卡）》操作。

7）撤除直线电杆：遵照《作业指导书（卡）》操作。

8）组立直线杆：遵照《作业指导书（卡）》操作。

9) 拆除 C 相遮蔽：遵照《作业指导书（卡）》操作。

10) 拆除 B 相遮蔽：遵照《作业指导书（卡）》操作。

11) 拆除 A 相遮蔽：遵照《作业指导书（卡）》操作。

12) 退出作业区域：斗内电工检查施工质量并确认工作已完成，检查杆上无遗留物后，操作绝缘斗臂车退出作业区域且返回地面。

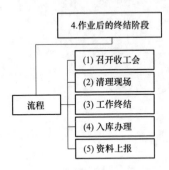

图 4-105　作业后的终结阶段流程图

(4) 作业后的终结阶段，流程图如图 4-105 所示。

1) 召开收工会：工作负责人对工作完成情况、安全措施落实情况、作业指导卡执行情况进行总结、点评。

2) 清理现场：工作负责人组织班组成员整理工器具、材料，清洁后将其装箱、装袋、装车，清理现场做到"工完、料尽、场地清"，绝缘斗臂车各部位复位，绝缘斗臂车支腿已收回。

3) 工作终结：工作负责人向工作许可人申请工作终结，记录许可方式、工作许可人、终结报告时间并签字确认，工作结束、撤离现场。

4) 入库办理：工作负责人办理工器具（车辆）入库清单并签字确认。

5) 资料上报：工作负责人负责资料上报、分类归档，完成任务单并签字确认。

4.3.6　绝缘手套作业法（绝缘斗臂车作业）带负荷直线杆改耐张杆工作

本流程管控适用于如图 4-106 所示的直线杆（导线三角排列），采用绝缘手套作业法（绝缘斗臂车作业）带负荷直线杆改耐张杆工作。

(1) 作业前的准备阶段，流程图如图 4-107 所示。

1) 接受任务：明确工作地点、工作内容、计划工作时间等。

2) 现场勘察：工作负责人或工作票签发人组织勘察工作，根据勘察结果确定作业方法、所需工具以及应采取的措施，《现场勘察记录》作为填写、签发《工作票》及编写《作业指导书（卡）》等的依据；开工前工作负责人应重新核对现场勘察情况，确认无变化后方可开工。

3) 编写《作业指导书（卡）》：工作负责人编写《作业指导书（卡）》，并由编写人、审核人、审批人签名确认后生效。

4) 填写《工作票》：工作负责人填写《工作票》，工作票签发人签发生效后，一份送至工作许可人处，一份由工作负责人收执并始终持票；如工作票实行"双签发"时，双方工作票负责人分别签发、各自承担相应的安全责任。

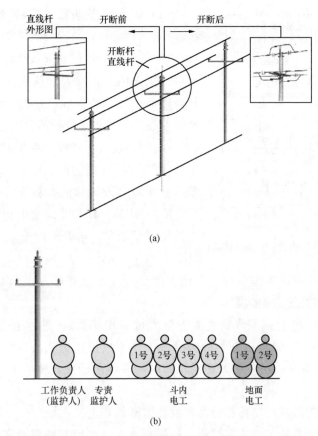

(a)

(b)

图 4-106　采用绝缘手套作业法（绝缘斗臂车作业）带负荷直线杆改耐张杆工作

（a）直线杆和杆头外形图；（b）人员分工示意图

5）召开班前会：工作负责人组织学习《作业指导书（卡）》，明确作业方法、人员分工、工作职责、安全措施、作业步骤等，并填写《现场安全交底卡》。

6）领用工器具：核对工器具电压等级和试验周期、外观完好无损，办理出入库清单并签字确认，装箱、装袋、装车并准备运输。

7）召开出车会：检查作业车辆合格，工器具、材料齐全，作业人员着装

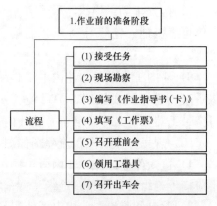

图 4-107　作业前的准备阶段流程图

统一、身体状况和精神状态正常，确认准备工作就绪后司乘人员安全出车。

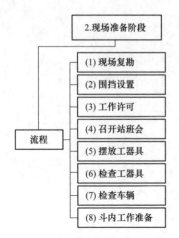

图 4-108　现场准备阶段流程图

（2）现场准备阶段，流程图如图 4-108 所示。

1）现场复勘：核对确认线路名称、工作地点、工作内容，检查确认现场装置、环境符合作业条件，检查确认风速、湿度符合带电作业条件，检查工作票所列安全措施。

2）围挡设置：装设"在此工作、从此进出！"警示围栏，悬挂"止步，高压危险！"警示标示牌，设置"前方施工，请慢行"警示路障/导向牌，增设临时交通疏导人员并且人员均穿反光衣，增设临时交通疏导人员且人员均穿反光衣。

3）工作许可：工作负责人申请工作许可，记录许可方式、工作许可人、工作许可时间并签名确认。

4）召开站班会：工作负责人列队宣读《工作票》，进行工作任务交底、安全措施交底、危险点告知，检查确认工作班成员精神状态良好，确认工作班成员安全交底知晓的签名，记录工作时间并签名确认，填写《安全交底卡》并签名确认。

5）摆放工器具：工器具分类摆放在防潮帆布上。

6）检查工器具：工器具试验合格周期核对，工器具外观检查和清洁，绝缘工具绝缘电阻检测不小于 700MΩ，对绝缘手套应做充压气检测且检测结果不漏气，对安全带做冲击试验且试验结果应合格。

7）检查车辆：绝缘斗臂车停放位置合适，支腿支到垫板上、轮胎离地、车体可靠接地，绝缘斗臂车进行空斗试操作运行正常（升降、伸缩、回转等）。

8）斗内工作准备：斗内电工必须穿戴好个人防护用具（绝缘安全帽、绝缘手套、绝缘服或披肩、护目镜、安全带等）进入绝缘斗并挂好安全挂钩，可携带工器具等入斗，准备开始斗内工作。

（3）现场作业阶段，流程图如图 4-109 所示。

1）进入作业区域：斗内电工操作绝缘斗臂车进入作业区域，作业过程中不应摘下绝缘防护用具；绝缘斗臂车的绝缘臂伸出有效长度应不小于 1m。

2）验电和测流：斗内电工使用高压验电器对导线、横担等进行验电，确认无漏电现象后汇报给工作负责人；测量线路负荷电流（不大于绝缘引流线额定电流）并汇报给工作负责人。

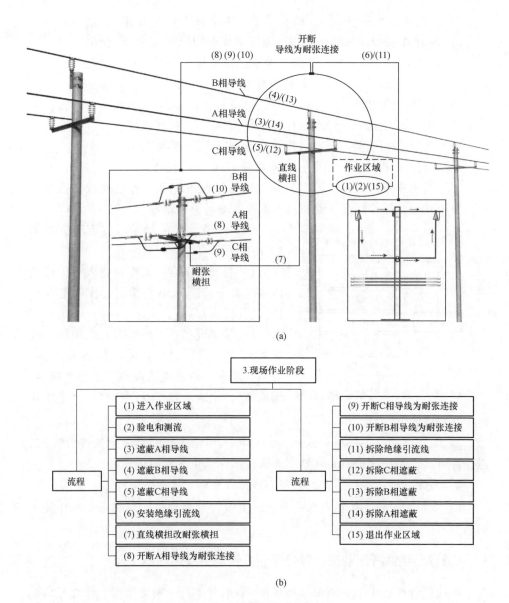

图 4-109　现场作业阶段流程图

（a）步骤示意图；（b）操作流程图

3）遮蔽 A 相导线：遵照《作业指导书（卡）》操作。

4）遮蔽 B 相导线：遵照《作业指导书（卡）》操作。

5）遮蔽 C 相导线：遵照《作业指导书（卡）》操作。

6）安装绝缘引流线：遵照《作业指导书（卡）》操作。

7）直线横担改耐张横担：遵照《作业指导书（卡）》操作。

8）开断 A 相导线为耐张连接：遵照《作业指导书（卡）》操作。

9）开断 C 相导线为耐张连接：遵照《作业指导书（卡）》操作。

10）开断 B 相导线为耐张连接：遵照《作业指导书（卡）》操作。

11）拆除绝缘引流线：遵照《作业指导书（卡）》操作。

12）拆除 C 相遮蔽：遵照《作业指导书（卡）》操作。

13）拆除 B 相遮蔽：遵照《作业指导书（卡）》操作。

14）拆除 A 相遮蔽：遵照《作业指导书（卡）》操作。

15）退出作业区域：斗内电工检查施工质量并确认工作已完成，检查杆上无遗留物后，操作绝缘斗臂车退出作业区域且返回地面。

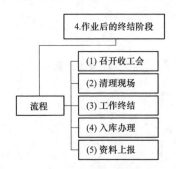

图 4-110　作业后的终结阶段流程图

（4）作业后的终结阶段，流程图如图 4-110 所示。

1）召开收工会：工作负责人对工作完成情况、安全措施落实情况、作业指导卡执行情况进行总结、点评。

2）清理现场：工作负责人组织班组成员整理工器具、材料，清洁后将其装箱、装袋、装车，清理现场做到"工完、料尽、场地清"，绝缘斗臂车各部位复位，绝缘斗臂车支腿已收回。

3）工作终结：工作负责人向工作许可人申请工作终结，记录许可方式、工作许可人、终结报告时间并签字确认，工作结束、撤离现场。

4）入库办理：工作负责人办理工器具（车辆）入库清单并签字确认。

5）资料上报：工作负责人负责资料上报、分类归档，完成任务单并签字确认。

4.3.7　绝缘杆作业法（登杆作业）带电更换熔断器工作

本流程管控适用于如图 4-111 所示的直线分支杆（有熔断器，导线三角排列），采用绝缘杆作业法（登杆作业）带电更换熔断器工作。

（1）作业前的准备阶段，流程图如图 4-112 所示。

1）接受任务：明确工作地点、工作内容、计划工作时间等。

2）现场勘察：工作负责人或工作票签发人组织勘察工作，根据勘察结果确定作业方法、所需工具以及应采取的措施，《现场勘察记录》作为填写、签发《工作票》及编写《作业指导书（卡）》等的依据；开工前工作负责人应重新核对现场勘察情况，确认无变化后方可开工。

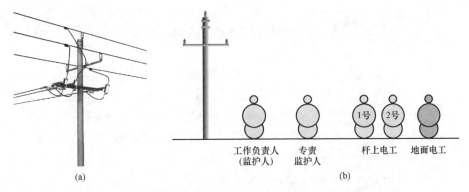

图 4-111　采用绝缘杆作业法（登杆作业）带电更换熔断器工作

(a) 杆头外形图；(b) 人员分工示意图

3）编写《作业指导书（卡）》：工作负责人编写《作业指导书（卡）》，并由编写人、审核人、审批人签名确认后生效。

4）填写《工作票》：工作负责人填写《工作票》，工作票签发人签发生效后，一份送至工作许可人处，一份由工作负责人收执并始终持票；如工作票实行"双签发"时，双方工作票负责人分别签发、各自承担相应的安全责任。

5）召开班前会：工作负责人组织学习《作业指导书（卡）》，明确作业方法、人员分工、工作职责、安全措施、作业步骤等，并填写《现场安全交底卡》。

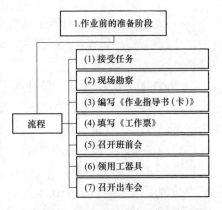

图 4-112　作业前的准备阶段流程图

6）领用工器具：核对工器具电压等级和试验周期、外观完好无损，办理出入库清单并签字确认，装箱、装袋、装车并准备运输。

7）召开出车会：检查作业车辆合格，工器具、材料齐全，作业人员着装统一、身体状况和精神状态正常，确认准备工作就绪后司乘人员安全出车。

（2）现场准备阶段，流程图如图 4-113 所示。

1）现场复勘：核对确认线路名称、工作地点、工作内容，检查确认现场装置、环境符合作业条件，检查确认风速、湿度符合带电作业条件，检查工作票所列安全措施（必要时可进行补充）。

2）围挡设置：装设"在此工作、从此进出！"警示围栏，悬挂"止步，高压危险！"警示标示牌，设置"前方施工，请慢行"警示路障/导向牌，增设临时交通疏导人员并且人员均穿反光衣。

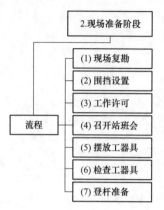

图 4-113　现场准备阶段流程图

3）工作许可：工作负责人申请工作许可，记录许可方式、工作许可人、工作许可时间并签名确认。

4）召开站班会：工作负责人列队宣读《工作票》，进行工作任务交底、安全措施交底、危险点告知，检查确认工作班成员精神状态良好，确认工作班成员安全交底知晓的签名，记录工作时间并签名确认，填写《安全交底卡》并签名确认。

5）摆放工器具：工器具分类摆放在防潮帆布上。

6）检查工器具：工器具试验合格周期核对，工器具外观检查和清洁，绝缘工具绝缘电阻检测不小于 700MΩ，对绝缘手套应做充压气检测且检测结果不漏气，对安全带、脚扣做冲击试验且试验结果应合格。

7）登杆准备：杆上电工登杆前必须穿戴好个人防护用具（绝缘安全帽、绝缘手套、绝缘服或披肩、护目镜、安全带等），杆上电工登杆时必须先系好安全围带，杆上 1 号电工到达工位后 2 号电工开始登杆。

（3）现场作业阶段，流程图如图 4-114 所示。

1）进入作业区域：登杆至合适位置，在电杆上系好后备保护绳，杆上电工至少与带电体距离不小于 0.4m。

2）验电：杆上电工使用高压验电器进行验电并确认无漏电现象，杆上电工使用绝缘杆在横担上挂好绝缘传递绳。

3）拆除 A 相熔断器上引线：遵照《作业指导书（卡）》操作。

4）遮蔽 A 相导线：遵照《作业指导书（卡）》操作。

5）拆除 C 相熔断器上引线：遵照《作业指导书（卡）》操作。

6）遮蔽 C 相导线：遵照《作业指导书（卡）》操作。

7）拆除 B 相熔断器上引线：遵照《作业指导书（卡）》操作。

8）更换熔断器：遵照《作业指导书（卡）》操作。

9）引线搭接准备：遵照《作业指导书（卡）》操作。

10）固定搭接引线：遵照《作业指导书（卡）》操作。

11）搭接 B 相熔断器上引线：遵照《作业指导书（卡）》操作。

12）搭接 C 相熔断器上引线：遵照《作业指导书（卡）》操作。

13）拆除 A 相遮蔽：遵照《作业指导书（卡）》操作。

14）搭接 A 相熔断器上引线：遵照《作业指导书（卡）》操作。

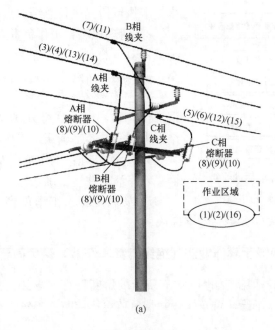

(a)

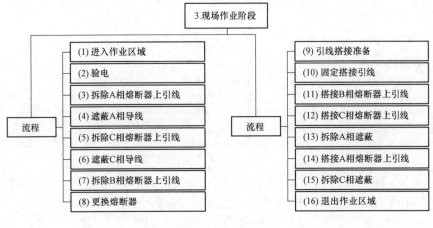

(b)

图 4-114　现场作业阶段流程图

（a）步骤示意图；（b）操作流程图

15）拆除 C 相遮蔽：遵照《作业指导书（卡）》操作。

16）退出作业区域：杆上电工检查施工质量并确认工作已完成，杆上电工检查杆上无遗留物后返回地面。

（4）作业后的终结阶段，流程图如图 4-115 所示。

1）召开收工会：工作负责人对工作完成情况、安全措施落实情况、作业

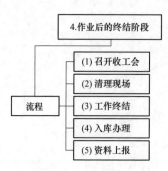

图 4-115　作业后的终结
阶段流程图

指导卡执行情况进行总结、点评。

2）清理现场：工作负责人组织班组成员整理工器具、材料，清洁后将其装箱、装袋、装车，清理现场做到"工完、料尽、场地清"。

3）工作终结：工作负责人向工作许可人申请工作终结，记录许可方式、工作许可人、终结报告时间并签字确认，工作结束、撤离现场。

4）入库办理：工作负责人办理工器具（车辆）入库清单并签字确认。

5）资料上报：工作负责人负责资料上报、分类归档，完成任务单并签字确认。

4.3.8　绝缘手套作业法（绝缘斗臂车作业）带负荷更换熔断器工作

本流程管控适用于如图 4-116 所示的熔断器杆（导线三角排列），采用绝缘手套作业法（绝缘斗臂车作业）带负荷更换熔断器工作。

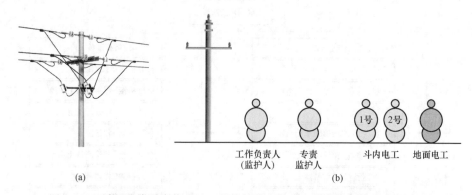

图 4-116　采用绝缘手套作业法（绝缘斗臂车作业）带负荷更换熔断器工作
(a) 杆头外形图；(b) 人员分工示意图

（1）作业前的准备阶段，流程图如图 4-117 所示。

1）接受任务：明确工作地点、工作内容、计划工作时间等。

2）现场勘察：工作负责人或工作票签发人组织勘察工作，根据勘察结果确定作业方法、所需工具以及应采取的措施，《现场勘察记录》作为填写、签发《工作票》及编写《作业指导书（卡）》等的依据；开工前工作负责人应重新核对现场勘察情况，确认无变化后方可开工。

3）编写《作业指导书（卡）》：工作负责人编写《作业指导书（卡）》，并由编写人、审核人、审批人签名确认后生效。

4）填写《工作票》：工作负责人填写《工作票》，工作票签发人签发生效后，一份送至工作许可人处，一份由工作负责人收执并始终持票；如工作票实行"双签发"时，双方工作票负责人分别签发、各自承担相应的安全责任。

5）召开班前会：工作负责人组织学习《作业指导书（卡）》，明确作业方法、人员分工、工作职责、安全措施、作业步骤等，并填写《现场安全交底卡》。

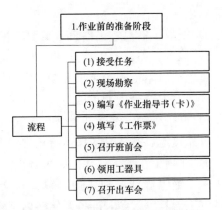

图 4-117　作业前的准备阶段流程图

6）领用工器具：核对工器具电压等级和试验周期、外观完好无损，办理出入库清单并签字确认，装箱、装袋、装车并准备运输。

7）召开出车会：检查作业车辆合格，工器具、材料齐全，作业人员着装统一、身体状况和精神状态正常，确认准备工作就绪后司乘人员安全出车。

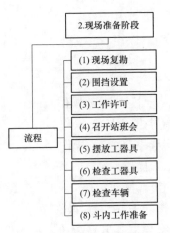

图 4-118　现场准备阶段流程图

（2）现场准备阶段，流程图如图 4-118 所示。

1）现场复勘：核对确认线路名称、工作地点、工作内容，检查确认现场装置、环境符合作业条件，检查确认风速、湿度符合带电作业条件，检查工作票所列安全措施。

2）围挡设置：装设"在此工作、从此进出！"警示围栏，悬挂"止步，高压危险！"警示标示牌，设置"前方施工，请慢行"警示路障/导向牌，增设临时交通疏导人员并且人员均穿反光衣，增设临时交通疏导人员并且人员均穿反光衣。

3）工作许可：工作负责人申请工作许可，记录许可方式、工作许可人、工作许可时间并签名确认。

4）召开站班会：工作负责人列队宣读《工作票》，进行工作任务交底、安全措施交底、危险点告知，检查确认工作班成员精神状态良好，确认工作班成员安全交底知晓的签名，记录工作时间并签名确认，填写《安全交底卡》

并签名确认。

5）摆放工器具：工器具分类摆放在防潮帆布上。

6）检查工器具：工器具试验合格周期核对，工器具外观检查和清洁，绝缘工具绝缘电阻检测不小于 700MΩ，对绝缘手套应做充压气检测且检测结果不漏气，对安全带做冲击试验且试验结果应合格。

7）检查车辆：绝缘斗臂车停放位置合适，支腿支到垫板上、轮胎离地、车体可靠接地，空斗试操作运行正常（升降、伸缩、回转等）。

8）斗内工作准备：斗内电工必须穿戴好个人防护用具（绝缘安全帽、绝缘手套、绝缘服或披肩、护目镜、安全带等）进入绝缘斗并挂好安全挂钩，可携带工器具等入斗，准备开始斗内工作。

（3）现场作业阶段，流程图如图 4-119 所示。

1）进入作业区域：斗内电工操作绝缘斗臂车进入作业区域，作业过程中不应摘下绝缘防护用具；绝缘斗臂车的绝缘臂伸出有效长度应不小于 1m。

2）验电和测流：斗内电工使用高压验电器对导线、横担等进行验电，确认无漏电现象后汇报给工作负责人；测量线路负荷电流（不大于绝缘引流线额定电流）并汇报给工作负责人。

3）遮蔽 A 相导线：遵照《作业指导书（卡）》操作。

4）遮蔽 B 相导线：遵照《作业指导书（卡）》操作。

5）遮蔽 C 相导线：遵照《作业指导书（卡）》操作。

6）安装绝缘引流线：遵照《作业指导书（卡）》操作。

7）拆除 A 相熔断器上引线：遵照《作业指导书（卡）》操作。

8）拆除 C 相熔断器上引线：遵照《作业指导书（卡）》操作。

9）拆除 B 相熔断器上引线：遵照《作业指导书（卡）》操作。

10）更换熔断器：遵照《作业指导书（卡）》操作。

11）引线搭接准备：遵照《作业指导书（卡）》操作。

12）搭接 B 相熔断器上引线：遵照《作业指导书（卡）》操作。

13）搭接 C 相熔断器上引线：遵照《作业指导书（卡）》操作。

14）搭接 A 相熔断器上引线：遵照《作业指导书（卡）》操作。

15）拆除绝缘引流线：遵照《作业指导书（卡）》操作。

16）拆除 C 相遮蔽：遵照《作业指导书（卡）》操作。

17）拆除 B 相遮蔽：遵照《作业指导书（卡）》操作。

18）拆除 A 相遮蔽：遵照《作业指导书（卡）》操作。

19）退出作业区域：斗内电工检查施工质量并确认工作已完成，检查杆上无遗留物后，操作绝缘斗臂车退出作业区域且返回地面。

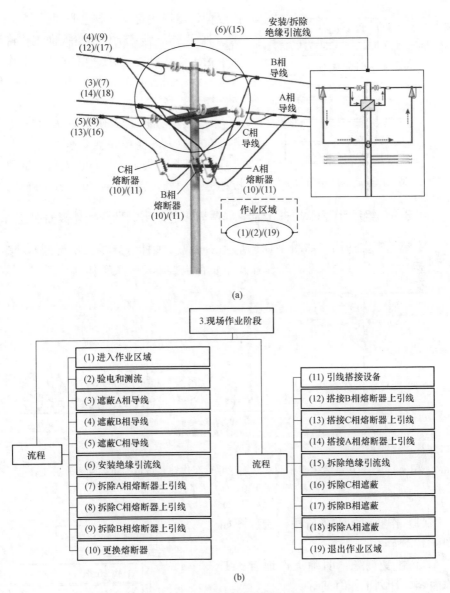

图 4-119　现场作业阶段流程图

(a) 步骤示意图；(b) 操作流程图

（4）作业后的终结阶段，流程图如图 4-120 所示。

1）召开收工会：工作负责人对工作完成情况、安全措施落实情况、作业指导卡执行情况进行总结、点评。

2）清理现场：工作负责人组织班组成员整理工器具、材料，清洁后将其装箱、装袋、装车，清理现场做到"工完、料尽、场地清"，绝缘斗臂车各部

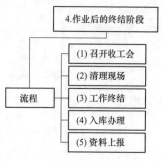

图 4-120　作业后的终结阶段流程图

位复位，绝缘斗臂车支腿已收回。

3）工作终结：工作负责人向工作许可人申请工作终结，记录许可方式、工作许可人、终结报告时间并签字确认，工作结束、撤离现场。

4）入库办理：工作负责人办理工器具（车辆）入库清单并签字确认。

5）资料上报：工作负责人负责资料上报、分类归档，完成任务单并签字确认。

4.3.9　绝缘手套作业法（绝缘斗臂车作业）带负荷更换隔离开关工作

本流程管控适用于如图 4-121 所示的隔离开关杆（导线三角排列），采用绝缘手套作业法（绝缘斗臂车作业）带负荷更换隔离开关工作。

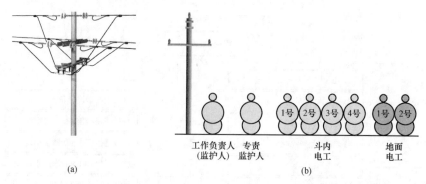

图 4-121　采用绝缘手套作业法（绝缘斗臂车作业）带负荷更换隔离开关工作
(a) 杆头外形图；(b) 人员分工示意图

（1）作业前的准备阶段，流程图如图 4-122 所示。

1）接受任务：明确工作地点、工作内容、计划工作时间等。

2）现场勘察：工作负责人或工作票签发人组织勘察工作，根据勘察结果确定作业方法、所需工具以及应采取的措施，《现场勘察记录》作为填写、签发《工作票》及编写《作业指导书（卡）》等的依据；开工前工作负责人应重新核对现场勘察情况，确认无变

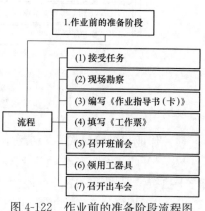

图 4-122　作业前的准备阶段流程图

化后方可开工。

3）编写《作业指导书（卡）》：工作负责人编写《作业指导书（卡）》，并由编写人、审核人、审批人签名确认后生效。

4）填写《工作票》：工作负责人填写《工作票》，工作票签发人签发生效后，一份送至工作许可人处，一份由工作负责人收执并始终持票；如工作票实行"双签发"时，双方工作票负责人分别签发、各自承担相应的安全责任。

5）召开班前会：工作负责人组织学习《作业指导书（卡）》，明确作业方法、人员分工、工作职责、安全措施、作业步骤等，并填写《现场安全交底卡》。

6）领用工器具：核对工器具电压等级和试验周期、外观完好无损，办理出入库清单并签字确认，装箱、装袋、装车并准备运输。

7）召开出车会：检查作业车辆合格，工器具、材料齐全，作业人员着装统一、身体状况和精神状态正常，确认准备工作就绪后司乘人员安全出车。

（2）现场准备阶段，流程图如图 4-123 所示。

1）现场复勘：核对确认线路名称、工作地点、工作内容，检查确认现场装置、环境符合作业条件，检查确认风速、湿度符合带电作业条件，检查工作票所列安全措施。

2）围挡设置：装设"在此工作、从此进出！"警示围栏，悬挂"止步，高压危险！"警示标示牌，设置"前方施工，请慢行"警示路障/导向牌，增设临时交通疏导人员并且人员均穿反光衣，增设临时交通疏导人员并且人员均穿反光衣。

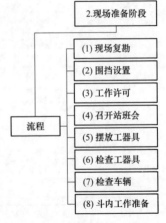

图 4-123　现场准备阶段流程图

3）工作许可：工作负责人申请工作许可，记录许可方式、工作许可人、工作许可时间并签名确认。

4）召开站班会：工作负责人列队宣读《工作票》，进行工作任务交底、安全措施交底、危险点告知，检查确认工作班成员精神状态良好，确认工作班成员安全交底知晓的签名，记录工作时间并签名确认，填写《安全交底卡》并签名确认。

5）摆放工器具：工器具分类摆放在防潮帆布上。

6）检查工器具：工器具试验合格周期核对，工器具外观检查和清洁，绝缘工具绝缘电阻检测不小于 $700M\Omega$，对绝缘手套应做充压气检测且检测结果不漏气，对安全带做冲击试验且试验结果应合格。

7）检查车辆：绝缘斗臂车停放位置合适，支腿支到垫板上、轮胎离地、车体可靠接地，空斗试操作运行正常（升降、伸缩、回转等）。

8）斗内工作准备：斗内电工必须穿戴好个人防护用具（绝缘安全帽、绝缘手套、绝缘服或披肩、护目镜、安全带等）进入绝缘斗并挂好安全挂钩，可携带工器具等入斗，准备开始斗内工作。

（3）现场作业阶段，流程图如图 4-124 所示。

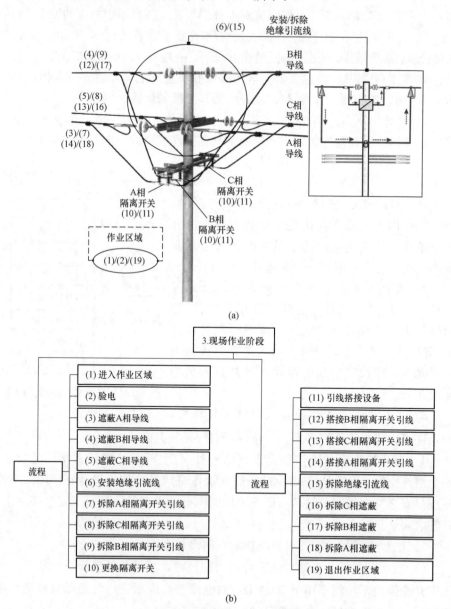

图 4-124　现场作业阶段流程图

（a）步骤示意图；（b）操作流程图

1）进入作业区域：斗内电工操作绝缘斗臂车进入作业区域，作业过程中不应摘下绝缘防护用具；绝缘斗臂车的绝缘臂伸出有效长度应不小于1m。

2）验电测流：斗内电工使用高压验电器对导线、横担等进行验电，确认无漏电现象后汇报给工作负责人；测量线路负荷电流（不大于绝缘引流线额定电流）并汇报给工作负责人。

3）遮蔽A相导线：遵照《作业指导书（卡）》操作。

4）遮蔽B相导线：遵照《作业指导书（卡）》操作。

5）遮蔽C相导线：遵照《作业指导书（卡）》操作。

6）安装绝缘引流线：遵照《作业指导书（卡）》操作。

7）拆除A相隔离开关引线：遵照《作业指导书（卡）》操作。

8）拆除C相隔离开关引线：遵照《作业指导书（卡）》操作。

9）拆除B相隔离开关引线：遵照《作业指导书（卡）》操作。

10）更换隔离开关：遵照《作业指导书（卡）》操作。

11）引线搭接准备：遵照《作业指导书（卡）》操作。

12）搭接B相隔离开关引线：遵照《作业指导书（卡）》操作。

13）搭接C相隔离开关引线：遵照《作业指导书（卡）》操作。

14）搭接A相隔离开关引线：遵照《作业指导书（卡）》操作。

15）拆除绝缘引流线：遵照《作业指导书（卡）》操作。

16）拆除C相遮蔽：遵照《作业指导书（卡）》操作。

17）拆除B相遮蔽：遵照《作业指导书（卡）》操作。

18）拆除A相遮蔽：遵照《作业指导书（卡）》操作。

19）退出作业区域：斗内电工检查施工质量并确认工作已完成，检查杆上无遗留物后，操作绝缘斗臂车退出作业区域且返回地面。

（4）作业后的终结阶段，流程图如图4-125所示。

1）召开收工会：工作负责人对工作完成情况、安全措施落实情况、作业指导卡执行情况进行总结、点评。

2）清理现场：工作负责人组织班组成员整理工器具、材料，清洁后将其装箱、装袋、装车，清理现场做到"工完、料尽、场地清"，绝缘斗臂车各部位复位，绝缘斗臂车支腿已收回。

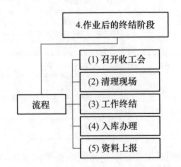

图4-125　作业后的终结阶段流程图

3）工作终结：工作负责人向工作许可人申请工作终结，记录许可方式、工作许可人、终结报告时间并签字确认，工作结束、撤离现场。

4）入库办理：工作负责人办理工器具（车辆）入库清单并签字确认。

5）资料上报：工作负责人负责资料上报、分类归档，完成任务单并签字确认。

4.3.10 绝缘手套作业法（绝缘斗臂车作业）带负荷更换柱上开关 1 工作

本流程管控适用于如图 4-126 所示的柱上开关杆（双侧无隔离开关，导线三角排列），采用绝缘手套作业法（绝缘斗臂车作业）带负荷更换柱上开关 1 工作。

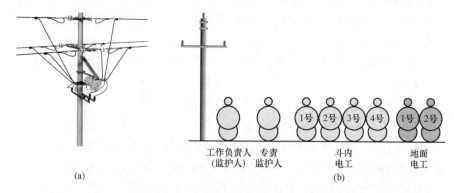

图 4-126　采用绝缘手套作业法（绝缘斗臂车作业）带负荷更换柱上开关 1 工作
(a) 杆头外形图；(b) 人员分工示意图

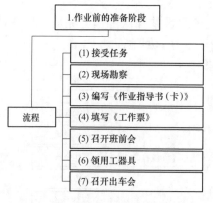

图 4-127　作业前的准备阶段流程图

（1）作业前的准备阶段，流程图如图 4-127 所示。

1）接受任务：明确工作地点、工作内容、计划工作时间等。

2）现场勘察：工作负责人或工作票签发人组织勘察工作，根据勘察结果确定作业方法、所需工具以及应采取的措施，《现场勘察记录》作为填写、签发《工作票》及编写《作业指导书（卡）》等的依据；开工前工作负责人应重新核对现场勘察情况，确认无变化后方可开工。

3）编写《作业指导书（卡）》：工作负责人编写《作业指导书（卡）》，并由编写人、审核人、审批人签名确认后生效。

4）填写《工作票》：工作负责人填写《工作票》，工作票签发人签发生效后，一份送至工作许可人处，一份由工作负责人收执并始终持票；如工作票实行"双签发"时，双方工作票负责人分别签发、各自承担相应的安全责任。

5）召开班前会：工作负责人组织学习《作业指导书（卡）》，明确作业方法、人员分工、工作职责、安全措施、作业步骤等，并填写《现场安全交底卡》。

6）领用工器具：核对工器具电压等级和试验周期、外观完好无损，办理出入库清单并签字确认，装箱、装袋、装车并准备运输。

7）召开出车会：检查作业车辆合格，工器具、材料齐全，作业人员着装统一、身体状况和精神状态正常，确认准备工作就绪后司乘人员安全出车。

（2）现场准备阶段，流程图如图 4-128 所示。

1）现场复勘：核对确认线路名称、工作地点、工作内容，检查确认现场装置、环境符合作业条件，检查确认风速、湿度符合带电作业条件，检查工作票所列安全措施（必要时可进行补充）。

2）围挡设置：装设"在此工作、从此进出！"警示围栏，悬挂"止步，高压危险！"警示标示牌，设置"前方施工，请慢行"警示路障/导向牌，增设临时交通疏导人员并且人员均穿反光衣，增设临时交通疏导人员并且人员均穿反光衣。

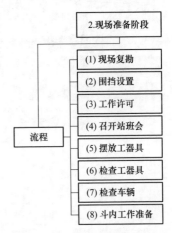

图 4-128　现场准备阶段流程图

3）工作许可：工作负责人申请工作许可，记录许可方式、工作许可人、工作许可时间并签名确认。

4）召开站班会：工作负责人列队宣读《工作票》，进行工作任务交底、安全措施交底、危险点告知，检查确认工作班成员精神状态良好，确认工作班成员安全交底知晓的签名，记录工作时间并签名确认，填写《安全交底卡》并签名确认。

5）摆放工器具：工器具分类摆放在防潮帆布上。

6）检查工器具：工器具试验合格周期核对，工器具外观检查和清洁，绝缘工具绝缘电阻检测不小于 $700M\Omega$，对绝缘手套应做充压气检测且检测结果不漏气，对安全带做冲击试验且试验结果应合格。

7）检查车辆：绝缘斗臂车停放位置合适，支腿支到垫板上、轮胎离地、车体可靠接地，空斗试操作运行正常（升降、伸缩、回转等）。

8）斗内工作准备：斗内电工必须穿戴好个人防护用具（绝缘安全帽、绝缘手套、绝缘服或披肩、护目镜、安全带等）进入绝缘斗并挂好安全挂钩，可携带工器具等入斗，准备开始斗内工作。

（3）现场作业阶段，流程图如图 4-129 所示。

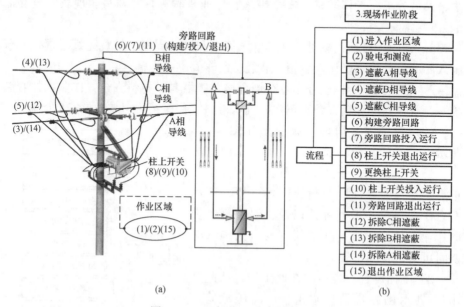

图 4-129 现场作业阶段流程图
（a）步骤示意图；（b）操作流程图

1）进入作业区域：斗内电工操作绝缘斗臂车进入作业区域，作业过程中不应摘下绝缘防护用具；绝缘斗臂车的绝缘臂伸出有效长度应不小于 1m。

2）验电和测流：斗内电工使用高压验电器对导线、横担等进行验电，确认无漏电现象后汇报给工作负责人；测量线路负荷电流（不大于旁路回路额定电流）并汇报给工作负责人。

3）遮蔽 A 相导线：遵照《作业指导书（卡）》操作。

4）遮蔽 B 相导线：遵照《作业指导书（卡）》操作。

5）遮蔽 C 相导线：遵照《作业指导书（卡）》操作。

6）构建旁路回路：遵照《作业指导书（卡）》操作。

7）旁路回路投入运行：遵照《作业指导书（卡）》操作。

8）柱上开关退出运行：遵照《作业指导书（卡）》操作。

9）更换柱上开关：遵照《作业指导书（卡）》操作。

10）柱上开关投入运行：遵照《作业指导书（卡）》操作。

11）旁路回路退出运行：遵照《作业指导书（卡）》操作。

12）拆除 C 相遮蔽：遵照《作业指导书（卡）》操作。

13）拆除 B 相遮蔽：遵照《作业指导书（卡）》操作。

14）拆除 A 相遮蔽：遵照《作业指导书（卡）》操作。

15）退出作业区域：斗内电工检查施工质量并确认工作已完成，检查杆上无遗留物后，操作绝缘斗臂车退出作业区域且返回地面。

（4）作业后的终结阶段，流程图如图 4-130 所示。

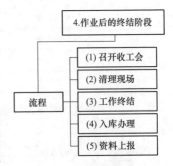

图 4-130　作业后的终结阶段流程图

1）召开收工会：工作负责人对工作完成情况、安全措施落实情况、作业指导卡执行情况进行总结、点评。

2）清理现场：工作负责人组织班组成员整理工器具、材料，清洁后将其装箱、装袋、装车，清理现场做到"工完、料尽、场地清"，绝缘斗臂车各部位复位，绝缘斗臂车支腿已收回。

3）工作终结：工作负责人向工作许可人申请工作终结，记录许可方式、工作许可人、终结报告时间并签字确认，工作结束、撤离现场。

4）入库办理：工作负责人办理工器具（车辆）入库清单并签字确认。

5）资料上报：工作负责人负责资料上报、分类归档，完成任务单并签字确认。

4.3.11　绝缘手套作业法（绝缘斗臂车作业）带负荷更换柱上开关 2 工作

本流程管控适用于如图 4-131 所示的柱上开关杆（双侧有隔离开关，导线三角排列），采用绝缘手套作业法（绝缘斗臂车作业）带负荷更换柱上开关 2 工作。

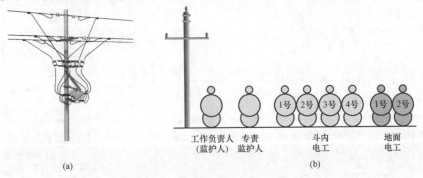

图 4-131　采用绝缘手套作业法（绝缘斗臂车作业）带负荷更换柱上开关 2 工作
（a）杆头外形图；（b）人员分工示意图

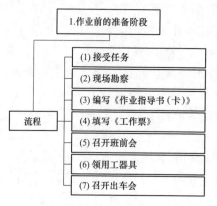

图 4-132 作业前的准备阶段流程图

（1）作业前的准备阶段，流程图如图 4-132 所示。

1）接受任务：明确工作地点、工作内容、计划工作时间等。

2）现场勘察：工作负责人或工作票签发人组织勘察工作，根据勘察结果确定作业方法、所需工具以及应采取的措施，《现场勘察记录》作为填写、签发《工作票》及编写《作业指导书（卡）》等的依据；开工前工作负责人应重新核对现场勘察情况，确认无变化后方可开工。

3）编写《作业指导书（卡）》：工作负责人编写《作业指导书（卡）》，并由编写人、审核人、审批人签名确认后生效。

4）填写《工作票》：工作负责人填写《工作票》，工作票签发人签发生效后，一份送至工作许可人处，一份由工作负责人收执并始终持有；如工作票实行"双签发"时，双方工作票负责人分别签发、各自承担相应的安全责任。

5）召开班前会：工作负责人组织学习《作业指导书（卡）》，明确作业方法、人员分工、工作职责、安全措施、作业步骤等，并填写《现场安全交底卡》。

6）领用工器具：核对工器具电压等级和试验周期、外观完好无损，办理出入库清单并签字确认，装箱、装袋、装车并准备运输。

7）召开出车会：检查作业车辆合格，工器具、材料齐全，作业人员着装统一、身体状况和精神状态正常，确认准备工作就绪后司乘人员安全出车。

（2）现场准备阶段，流程图如图 4-133 所示。

1）现场复勘：核对确认线路名称、工作地点、工作内容，检查确认现场装置、环境符合作业条件，检查确认风速、湿度符合带电作业条件，检查工作票所列安全措施（必要时可进行补充）。

2）围挡设置：装设"在此工作、从此进出！"警示围栏，悬挂"止步，高压危

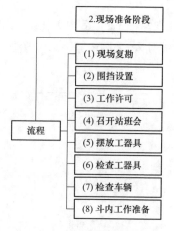

图 4-133 现场准备阶段流程图

险!"警示标示牌，设置"前方施工，请慢行"警示路障/导向牌，增设临时交通疏导人员并且人员均穿反光衣，增设临时交通疏导人员并且人员均穿反光衣。

3）工作许可：工作负责人申请工作许可，记录许可方式、工作许可人、工作许可时间并签名确认。

4）召开站班会：工作负责人列队宣读《工作票》，进行工作任务交底、安全措施交底、危险点告知，检查确认工作班成员精神状态良好，确认工作班成员安全交底知晓的签名，记录工作时间并签名确认，填写《安全交底卡》并签名确认。

5）摆放工器具：工器具分类摆放在防潮帆布上。

6）检查工器具：工器具试验合格周期核对，工器具外观检查和清洁，绝缘工具绝缘电阻检测不小于 700MΩ，对绝缘手套应做充压气检测且检测结果不漏气，对安全带做冲击试验且试验结果应合格。

7）检查车辆：绝缘斗臂车停放位置合适，支腿支到垫板上、轮胎离地、车体可靠接地，空斗试操作运行正常（升降、伸缩、回转等）。

8）斗内工作准备：斗内电工必须穿戴好个人防护用具（绝缘安全帽、绝缘手套、绝缘服或披肩、护目镜、安全带等）进入绝缘斗并挂好安全挂钩，可携带工器具等入斗，准备开始斗内工作。

（3）现场作业阶段，流程图如图 4-134 所示。

1）进入作业区域：斗内电工操作绝缘斗臂车进入作业区域，作业过程中不应摘下绝缘防护用具；绝缘斗臂车的绝缘臂伸出有效长度应不小于 1m。

2）验电和测流：斗内电工使用高压验电器对导线、横担等进行验电，确认无漏电现象后汇报给工作负责人；测量线路负荷电流（不大于旁路回路额定电流）并汇报给工作负责人。

3）遮蔽 A 相导线：遵照《作业指导书（卡）》操作。

4）遮蔽 B 相导线：遵照《作业指导书（卡）》操作。

5）遮蔽 C 相导线：遵照《作业指导书（卡）》操作。

6）构建旁路回路：遵照《作业指导书（卡）》操作。

7）旁路回路投入运行：遵照《作业指导书（卡）》操作。

8）柱上开关退出运行：遵照《作业指导书（卡）》操作。

9）更换柱上开关：遵照《作业指导书（卡）》操作。

10）柱上开关投入运行：遵照《作业指导书（卡）》操作。

11）旁路回路退出运行：遵照《作业指导书（卡）》操作。

12）拆除 C 相遮蔽：遵照《作业指导书（卡）》操作。

13）拆除 B 相遮蔽：遵照《作业指导书（卡）》操作。

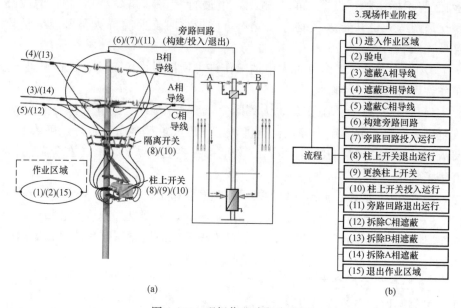

图 4-134　现场作业阶段流程图

（a）步骤示意图；（b）操作流程图

14）拆除 A 相遮蔽：遵照《作业指导书（卡）》操作。

15）退出作业区域：斗内电工检查施工质量并确认工作已完成，检查杆上无遗留物后，操作绝缘斗臂车退出作业区域且返回地面。

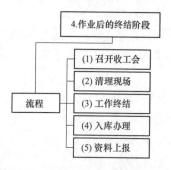

图 4-135　作业后的终结阶段流程图

（4）作业后的终结阶段，流程图如图 4-135 所示。

1）召开收工会：工作负责人对工作完成情况、安全措施落实情况、作业指导卡执行情况进行总结、点评。

2）清理现场：工作负责人组织班组成员整理工器具、材料，清洁后将其装箱、装袋、装车，清理现场做到"工完、料尽、场地清"，绝缘斗臂车各部位复位，绝缘斗臂车支腿已收回。

3）工作终结：工作负责人向工作许可人申请工作终结，记录许可方式、工作许可人、终结报告时间并签字确认，工作结束、撤离现场。

4）入库办理：工作负责人办理工器具（车辆）入库清单并签字确认。

5）资料上报：工作负责人负责资料上报、分类归档，完成任务单并签字确认。

4.3.12　绝缘手套作业法（绝缘斗臂车作业）带负荷更换柱上开关 3 工作

本流程管控适用于如图 4-136 所示的柱上开关杆（双侧无隔离开关，导线三角排列），采用绝缘手套作业法（绝缘斗臂车作业）带负荷更换柱上开关 3 工作。

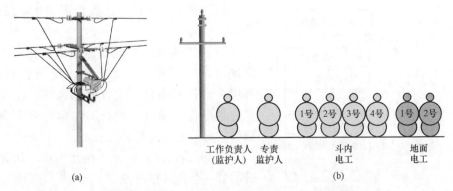

图 4-136　采用绝缘手套作业法（绝缘斗臂车作业）带负荷更换柱上开关 3 工作
(a) 杆头外形图；(b) 人员分工示意图

（1）作业前的准备阶段，流程图如图 4-137 所示。

1）接受任务：明确工作地点、工作内容、计划工作时间等。

2）现场勘察：工作负责人或工作票签发人组织勘察工作，根据勘察结果确定作业方法、所需工具以及应采取的措施，《现场勘察记录》作为填写、签发《工作票》及编写《作业指导书（卡）》等的依据；开工前工作负责人应重新核对现场勘察情况，确认无变化后方可开工。

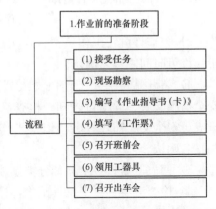

图 4-137　作业前的准备阶段流程图

3）编写《作业指导书（卡）》：工作负责人编写《作业指导书（卡）》，并由编写人、审核人、审批人签名确认后生效。

4）填写《工作票》：工作负责人填写《工作票》，工作票签发人签发生效后，一份送至工作许可人处，一份由工作负责人收执并始终持票；如工作票实行"双签发"时，双方工作票负责人分别签发、各自承担相应的安全责任。

5）召开班前会：工作负责人组织学习《作业指导书（卡）》，明确作业方法、人员分工、工作职责、安全措施、作业步骤等，并填写《现场安全交底卡》。

6) 领用工器具：核对工器具电压等级和试验周期、外观完好无损，办理出入库清单并签字确认，装箱、装袋、装车并准备运输。

7) 召开出车会：检查作业车辆合格，工器具、材料齐全，作业人员着装统一、身体状况和精神状态正常，确认准备工作就绪后司乘人员安全出车。

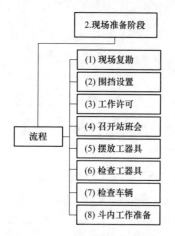

图 4-138　现场准备阶段流程图

(2) 现场准备阶段，流程图如图 4-138 所示。

1) 现场复勘：核对确认线路名称、工作地点、工作内容，检查确认现场装置、环境符合作业条件，检查确认风速、湿度符合带电作业条件，检查工作票所列安全措施（必要时可进行补充）。

2) 围挡设置：装设"在此工作、从此进出！"警示围栏，悬挂"止步，高压危险！"警示标示牌，设置"前方施工，请慢行"警示路障/导向牌，增设临时交通疏导人员并且人员均穿反光衣，增设临时交通疏导人员并且人员均穿反光衣。

3) 工作许可：工作负责人申请工作许可，记录许可方式、工作许可人、工作许可时间并签名确认。

4) 召开站班会：工作负责人列队宣读《工作票》，进行工作任务交底、安全措施交底、危险点告知，检查确认工作班成员精神状态良好，确认工作班成员安全交底知晓签名，记录工作时间并签名确认，填写《安全交底卡》并签名确认。

5) 摆放工器具：工器具分类摆放在防潮帆布上。

6) 检查工器具：工器具试验合格周期核对，工器具外观检查和清洁，绝缘工具绝缘电阻检测不小于 $700M\Omega$，对绝缘手套应做充压气检测且检测结果不漏气，对安全带做冲击试验且试验结果应合格。

7) 检查车辆：绝缘斗臂车停放位置合适，支腿支到垫板上、轮胎离地、车体可靠接地，空斗试操作运行正常（升降、伸缩、回转等）。

8) 斗内工作准备：斗内电工必须穿戴好个人防护用具（绝缘安全帽、绝缘手套、绝缘服或披肩、护目镜、安全带等）进入绝缘斗并挂好安全挂钩，可携带工器具等入斗，准备开始斗内工作。

(3) 现场作业阶段，流程图如图 4-139 所示。

1) 进入作业区域：斗内电工操作绝缘斗臂车进入作业区域，作业过程中

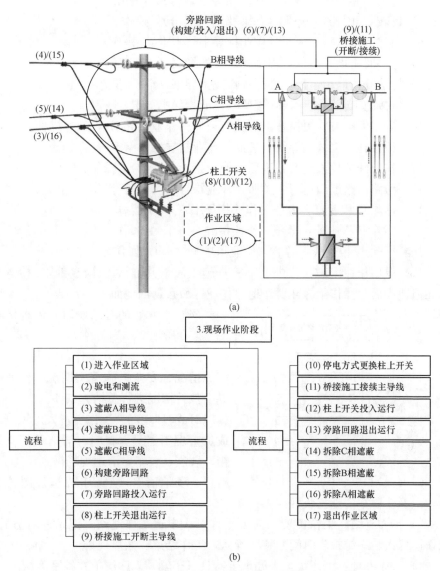

图 4-139　现场作业阶段流程图

（a）步骤示意图；（b）操作流程图

不应摘下绝缘防护用具；绝缘斗臂车的绝缘臂伸出有效长度应不小于1m。

2）验电和测流：斗内电工使用高压验电器对导线、横担等进行验电，确认无漏电现象后汇报给工作负责人；测量线路负荷电流（不大于旁路回路额定电流）并汇报给工作负责人。

3）遮蔽A相导线：遵照《作业指导书（卡）》操作。

4) 遮蔽 B 相导线：遵照《作业指导书（卡）》操作。

5) 遮蔽 C 相导线：遵照《作业指导书（卡）》操作。

6) 构建旁路回路：遵照《作业指导书（卡卡）》操作。

7) 旁路回路投入运行：遵照《作业指导书（卡）》操作。

8) 柱上开关退出运行：遵照《作业指导书（卡）》操作。

9) 桥接施工开断主导线：遵照《作业指导书（卡）》操作。

10) 采用停电方式更换柱上开关：遵照《作业指导书（卡）》操作。

11) 桥接施工接续主导线：遵照《作业指导书（卡卡）》操作。

12) 柱上开关投入运行：遵照《作业指导书（卡）》操作。

13) 旁路回路退出运行：遵照《作业指导书（卡）》操作。

14) 拆除 C 相遮蔽：遵照《作业指导书（卡）》操作。

15) 拆除 B 相遮蔽：遵照《作业指导书（卡）》操作。

16) 拆除 A 相遮蔽：遵照《作业指导书（卡）》操作。

17) 退出作业区域：斗内电工检查施工质量并确认工作已完成，检查杆上无遗留物后，操作绝缘斗臂车退出作业区域且返回地面。

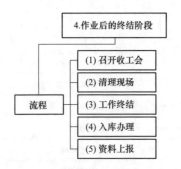

图 4-140　作业后的终结阶段流程图

（4）作业后的终结阶段，流程图如图 4-140 所示。

1) 召开收工会：工作负责人对工作完成情况、安全措施落实情况、作业指导卡执行情况进行总结、点评。

2) 清理现场：工作负责人组织班组成员整理工器具、材料，清洁后将其装箱、装袋、装车，清理现场做到"工完、料尽、场地清"，绝缘斗臂车各部位复位，绝缘斗臂车支腿已收回。

3) 工作终结：工作负责人向工作许可人申请工作终结，记录许可方式、工作许可人、终结报告时间并签字确认，工作结束、撤离现场。

4) 入库办理：工作负责人办理工器具（车辆）入库清单并签字确认。

5) 资料上报：工作负责人负责资料上报、分类归档，完成任务单并签字确认。

4.3.13　绝缘手套作业法（绝缘斗臂车作业）带负荷直线杆改耐张杆并加装柱上开关工作

本流程管控适用于如图 4-141 所示的直线杆（导线三角排列），采用绝缘手套作业法（绝缘斗臂车作业）带负荷直线杆改耐张杆并加装柱上开关工作。

（1）作业前的准备阶段，流程图如图 4-142 所示。

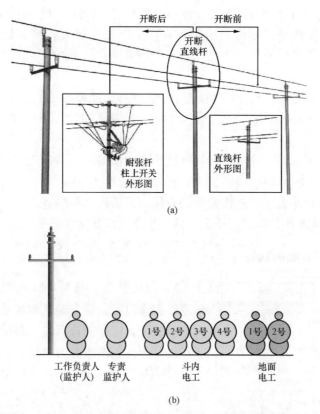

图 4-141 采用绝缘手套作业法（绝缘斗臂车作业）带负荷直线杆改耐张杆并加装柱上开关工作

(a) 杆头外形图；(b) 人员分工示意图

1）接受任务：明确工作地点、工作内容、计划工作时间等。

2）现场勘察：工作负责人或工作票签发人组织勘察，根据勘察结果确定作业方法、所需工具以及应采取的措施，《现场勘察记录》作为填写、签发《工作票》及编写《作业指导书（卡）》等的依据；开工前工作负责人应重新核对现场勘察情况，确认无变化后方可开工。

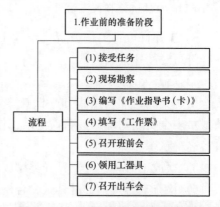

图 4-142 作业前的准备阶段流程图

3）编写《作业指导书（卡）》：工作负责人编写《作业指导书（卡）》，并由编写人、审核人、审批人签名确认后生效。

4) 填写《工作票》：工作负责人填写《工作票》，工作票签发人签发生效后，一份送至工作许可人处，一份由工作负责人收执并始终持票；如工作票实行"双签发"时，双方工作票负责人分别签发、各自承担相应的安全责任。

5) 召开班前会：工作负责人组织学习《作业指导书（卡）》，明确作业方法、人员分工、工作职责、安全措施、作业步骤等，并填写《现场安全交底卡》。

6) 领用工器具：核对工器具电压等级和试验周期、外观完好无损，办理出入库清单并签字确认，装箱、装袋、装车并准备运输。

7) 召开出车会：检查作业车辆合格，工器具、材料齐全，作业人员着装统一、身体状况和精神状态正常，确认准备工作就绪后司乘人员安全出车。

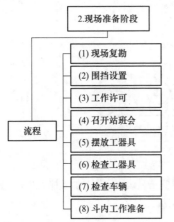

图 4-143　现场准备阶段流程图

(2) 现场准备阶段，流程图如图 4-143 所示。

1) 现场复勘：核对确认线路名称、工作地点、工作内容，检查确认现场装置、环境符合作业条件，检查确认风速、湿度符合带电作业条件，检查工作票所列安全措施。

2) 围挡设置：装设"在此工作、从此进出！"警示围栏，悬挂"止步，高压危险！"警示标示牌，设置"前方施工，请慢行"警示路障/导向牌，增设临时交通疏导人员并且人员均穿反光衣，增设临时交通疏导人员并且人员均穿反光衣。

3) 工作许可：工作负责人申请工作许可，记录许可方式、工作许可人、工作许可时间并签名确认。

4) 召开站班会：工作负责人列队宣读《工作票》，进行工作任务交底、安全措施交底、危险点告知，检查确认工作班成员精神状态良好，确认工作班成员安全交底知晓的签名，记录工作时间并签名确认，填写《安全交底卡》并签名确认。

5) 摆放工器具：工器具分类摆放在防潮帆布上。

6) 检查工器具：工器具试验合格周期核对，工器具外观检查和清洁，绝缘工具绝缘电阻检测不小于 700MΩ，对绝缘手套应做充压气检测且检测结果不漏气，对安全带做冲击试验且试验结果应合格。

7) 检查车辆：绝缘斗臂车停放位置合适，支腿支到垫板上、轮胎离地、车体可靠接地，空斗试操作运行正常（升降、伸缩、回转等）。

8）斗内工作准备：斗内电工必须穿戴好个人防护用具（绝缘安全帽、绝缘手套、绝缘服或披肩、护目镜、安全带等）进入绝缘斗并挂好安全挂钩，可携带工器具等入斗，准备开始斗内工作。

（3）现场作业阶段，流程图如图 4-144 所示。

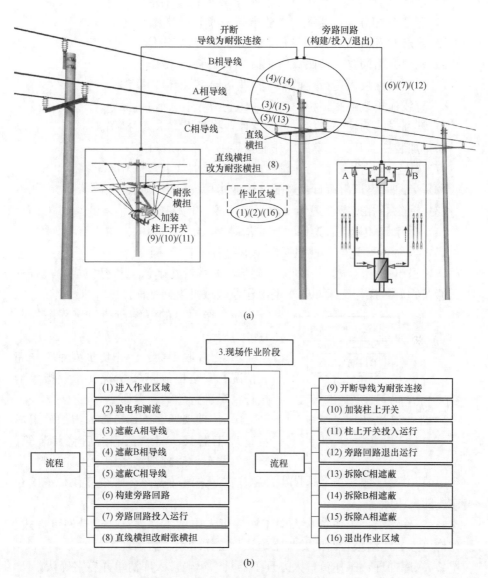

(a)

(b)

图 4-144　现场作业阶段流程图
（a）步骤示意图；（b）操作流程图

1）进入作业区域：斗内电工操作绝缘斗臂车进入作业区域，作业过程中不应摘下绝缘防护用具；绝缘斗臂车的绝缘臂伸出有效长度应不小于 1m。

2）验电和测流：斗内电工使用高压验电器对导线、横担等进行验电，确认无漏电现象后汇报给工作负责人；测量线路负荷电流（不大于旁路电缆回路额定电流）并汇报给工作负责人。

3）遮蔽 A 相导线：遵照《作业指导书（卡）》操作。

4）遮蔽 B 相导线：遵照《作业指导书（卡）》操作。

5）遮蔽 C 相导线：遵照《作业指导书（卡）》操作。

6）构建旁路回路：遵照《作业指导书（卡）》操作。

7）旁路回路投入运行：遵照《作业指导书（卡）》操作。

8）直线横担改耐张横担：遵照《作业指导书（卡）》操作。

9）开断导线为耐张连接：遵照《作业指导书（卡）》操作。

10）加装柱上开关：遵照《作业指导书（卡）》操作。

11）柱上开关投入运行：遵照《作业指导书（卡）》操作。

12）旁路回路退出运行：遵照《作业指导书（卡）》操作。

13）拆除 C 相遮蔽：遵照《作业指导书（卡）》操作。

14）拆除 B 相遮蔽：遵照《作业指导书（卡）》操作。

15）拆除 A 相遮蔽：遵照《作业指导书（卡）》操作。

16）退出作业区域：斗内电工检查施工质量并确认工作已完成，检查杆上无遗留物后，操作绝缘斗臂车退出作业区域且返回地面。

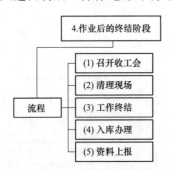

图 4-145　作业后的终结阶段流程图

（4）作业后的终结阶段，流程图如图 4-145 所示。

1）召开收工会：工作负责人对工作完成情况、安全措施落实情况、作业指导卡执行情况进行总结、点评。

2）清理现场：工作负责人组织班组成员整理工器具、材料，清洁后将其装箱、装袋、装车，清理现场做到"工完、料尽、场地清"，绝缘斗臂车各部位复位，绝缘斗臂车支腿已收回。

3）工作终结：工作负责人向工作许可人申请工作终结，记录许可方式、工作许可人、终结报告时间并签字确认，工作结束、撤离现场。

4）入库办理：工作负责人办理工器具（车辆）入库清单并签字确认。

5）资料上报：工作负责人负责资料上报、分类归档，完成任务单并签字确认。

4.4 第四类作业项目流程管控

4.4.1 旁路作业检修架空线路工作

本流程管控适用于如图 4-146 所示的架空线路（断联点处为直线杆），旁路作业检修 10kV 配网架空线路，线路负荷电流不大于 200A 的工况，多专业人员协同工作，其中：①带电作业人员负责从架空线路"取电"工作，执行《配电带电作业工作票》；②旁路作业人员负责旁路回路"接入"工作，共用《配电带电作业工作票》或《配电第一种工作票》；③运维人员负责"倒闸操作"工作，执行《配电倒闸操作票》；④停电作业人员负责停电"检修架空线路"工作，执行《配电第一种工作票》。生产中务必结合现场实际工况参照适用。

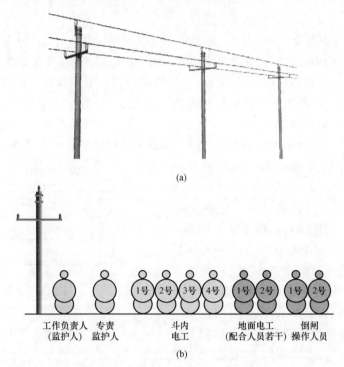

(a)

工作负责人　专责　　　斗内　　　地面电工　　倒闸
（监护人）　监护人　　电工　（配合人员若干）　操作人员

(b)

图 4-146　旁路作业检修架空线路工作

(a) 架空线路示意图；(b) 人员分工示意图

（1）作业前的准备阶段，流程图如图 4-147 所示。

1）接受任务：明确工作地点、工作内容、计划工作时间、风险等级四级、编制作业指导卡、到岗到位人员、安全督查人员等。

2）现场勘察：工作负责人或工作票签发人组织勘察，根据勘察结果确定作业

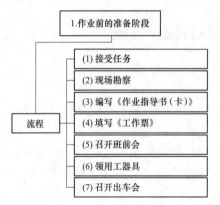

图 4-147　作业前的准备阶段流程图

方法、所需工具以及应采取的措施，《现场勘察记录》作为填写、签发《工作票》及编写《作业指导书（卡）》等的依据；开工前工作负责人应重新核对现场勘察情况，确认无变化后方可开工。

3）编写《作业指导书（卡）》：工作负责人编写《作业指导书（卡）》，并由编写人、审核人、审批人签名确认后生效。

4）填写《工作票》：工作负责人填写《工作票》，工作票签发人签发生效后，一份送至工作许可人处，一份由工作负责人收执并始终持票；如工作票实行"双签发"时，双方工作票负责人分别签发、各自承担相应的安全责任。

5）召开班前会：工作负责人组织学习《作业指导书（卡）》，明确作业方法、人员分工、工作职责、安全措施、作业步骤等，并填写《现场安全交底卡》。

6）领用工器具：核对工器具（包括旁路设备）电压等级和试验周期、外观完好无损，办理出入库清单并签字确认，装箱、装袋、装车并准备运输。

7）召开出车会：检查作业车辆合格，工器具、材料齐全，作业人员着装统一、身体状况和精神状态正常，确认准备工作就绪后司乘人员安全出车。

（2）现场准备阶段，流程图如图 4-148 所示。

1）现场复勘：核对确认线路名称、工作地点、工作内容，检查确认现场装置、环境符合作业条件，检查确认风速、湿度符合带电作业条件，检查工作票所列安全措施（必要时可进行补充）。

2）围挡设置：设置安全围栏（包括沿作业路径的防潮布或彩条防雨布）、安全警示标志、路障等，增设临时交通疏导人员并且人员均穿反光衣。

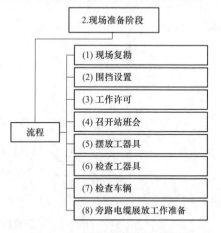

图 4-148　现场准备阶段流程图

3）工作许可：工作负责人申请工作许可，记录许可方式、工作许可人、工作许可时间并签名确认。

4）召开站班会：工作负责人列队宣读《工作票》，进行工作任务交底、安全措施交底、危险点告知，检查确认工作班成员精神状态良好，确认工作班成员安全交底知晓的签名，确认记录工作时间的签名，填写《安全交底卡》

并签名确认。

　　5）摆放工器具：工器具分类摆放在防潮帆布上。

　　6）检查工器具：工器具试验合格周期核对，工器具外观检查和清洁，绝缘工具绝缘电阻检测不小于 $700\mathrm{M}\Omega$，对绝缘手套应做充压气检测且检测结果不漏气，对安全带做冲击试验且试验结果应合格。

　　7）检查车辆：绝缘斗臂车停放位置合适，支腿支到垫板上、轮胎离地、车体可靠接地，空斗试操作运行正常（升降、伸缩、回转等）。

　　8）旁路电缆展放工作准备：地面电工和配合人员做好地面敷设、接续电缆的准备以及旁路引下电缆的挂接准备。

　　(3) 现场作业阶段，流程图如图 4-149 所示。

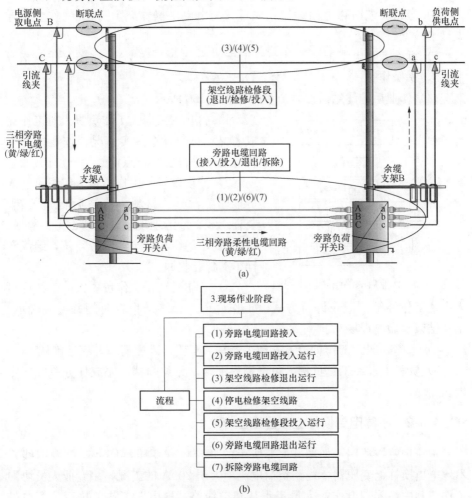

图 4-149　现场作业阶段流程图

(a) 分项作业步骤示意图；(b) 分项作业操作流程图

1）旁路电缆回路接入：执行《配电带电作业工作票》，遵照《作业指导书（卡）》操作。

2）旁路电缆回路投入运行：执行《配电倒闸操作票》，遵照《作业指导书（卡）》操作。

3）架空线路检修段退出运行：执行《配电带电作业工作票》，遵照《作业指导书（卡）》操作。

4）停电检修架空线路：办理工作任务交接，执行《配电线路第一种工作票》，遵照《作业指导书（卡）》操作。

5）架空线路检修段投入运行：执行《配电带电作业工作票》，遵照《作业指导书（卡）》操作。

6）旁路电缆回路退出运行：执行《配电倒闸操作票》，遵照《作业指导书（卡）》操作。

7）拆除旁路电缆回路：执行《配电带电作业工作票》，遵照《作业指导书（卡）》操作。

（4）作业后的终结阶段，流程图如图 4-150 所示。

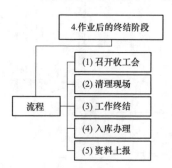

图 4-150　作业后的终结阶段流程图

1）召开收工会：工作负责人对工作完成情况、安全措施落实情况、作业指导卡执行情况进行总结、点评。

2）清理现场：工作负责人组织班组成员整理工器具、材料，清洁后将其装箱、装袋、装车，清理现场做到"工完、料尽、场地清"，绝缘斗臂车各部位复位，绝缘斗臂车支腿已收回。

3）工作终结：工作负责人向工作许可人申请工作终结，记录许可方式、工作许可人、终结报告时间并签字确认，工作结束、撤离现场。

4）入库办理：工作负责人办理工器具（车辆）入库清单并签字确认。

5）资料上报：工作负责人负责资料上报、分类归档，完成任务单并签字确认。

4.4.2　不停电更换柱上变压器工作

本流程管控适用于如图 4-151 所示的变台杆（变压器侧装，电缆引线），不停电更换柱上变压器，线路负荷电流不大于 200A 的工况，多专业人员协同工作，其中：①带电作业人员负责从架空线路"取电"工作，执行《配电带电作业工作票》；②旁路作业人员负责旁路回路"接入"工作，共用《配电带电作业工作票》；③运行操作人员负责"倒闸操作"工作，执行《配电倒闸操作票》；④停电作业人员负责停电"更换柱上变压器"工作，执行《配电第一种工作票》。若旁路变压器与柱上变压器并联运行条件不满足，则应采用0.4kV低压发电车不停电更换柱上变压器，即从低压（0.4kV）发电车取电连续向用户供电。

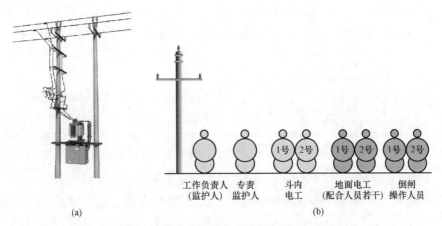

图 4-151　不停电更换柱上变压器工作

（a）架空线路示意图；（b）人员分工示意图

（1）作业前的准备阶段，流程图如图 4-152 所示。

1）接受任务：明确工作地点、工作内容、计划工作时间等。

2）现场勘察：工作负责人或工作票签发人组织勘察，根据勘察结果确定作业方法、所需工具以及应采取的措施，《现场勘察记录》作为填写、签发《工作票》及编写《作业指导书（卡）》等的依据；开工前工作负责人应重新核对现场勘察情况，确认无变化后方可开工。

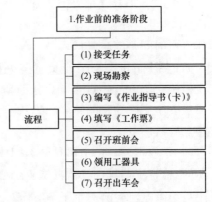

图 4-152　作业前的准备阶段流程图

3）编写《作业指导书（卡）》：工作负责人编写《作业指导书（卡）》，并由编写人、审核人、审批人签名确认后生效。

4）填写《工作票》：工作负责人填写《工作票》，工作票签发人签发生效后，一份送至工作许可人处，一份由工作负责人收执并始终持票；如工作票实行"双签发"时，双方工作票负责人分别签发、各自承担相应的安全责任。

5）召开班前会：工作负责人组织学习《作业指导书（卡）》，明确作业方法、人员分工、工作职责、安全措施、作业步骤等，并填写《现场安全交底卡》。

6）领用工器具：核对工器具（包括旁路设备）电压等级和试验周期、外观完好无损，办理出入库清单并签字确认，装箱、装袋、装车并准备运输。

7）召开出车会：检查作业车辆合格，工器具、材料齐全，作业人员着装统一、身体状况和精神状态正常，确认准备工作就绪后司乘人员安全出车。

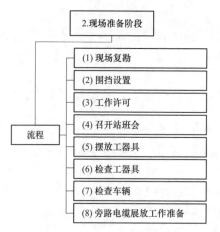

图 4-153 现场准备阶段流程图

（2）现场准备阶段，流程图如图 4-153 所示。

1）现场复勘：核对确认线路名称、工作地点、工作内容，检查确认现场装置、环境符合作业条件，检查确认风速、湿度符合带电作业条件，检查工作票所列安全措施。

2）围挡设置：设置安全围栏（包括沿作业路径的防潮布或彩条防雨布）、安全警示标志、路障等，增设临时交通疏导人员并且人员均穿反光衣。

3）工作许可：工作负责人申请工作许可，记录许可方式、工作许可人、工作许可时间并签名确认。

4）召开站班会：工作负责人列队宣读《工作票》，进行工作任务交底、安全措施交底、危险点告知，检查确认工作班成员精神状态良好，确认工作班成员安全交底知晓的签名，确认记录工作时间的签名，填写《安全交底卡》并签名确认。

5）摆放工器具：工器具分类摆放在防潮帆布上。

6）检查工器具：工器具试验合格周期核对，工器具外观检查和清洁，绝缘工具绝缘电阻检测不小于 700MΩ，对绝缘手套应做充压气检测且检测结果不漏气，对安全带做冲击试验且试验结果应合格。

7）检查车辆：绝缘斗臂车停放位置合适，支腿支到垫板上、轮胎离地、车体可靠接地，空斗试操作运行正常（升降、伸缩、回转等）；移动箱变车停位合适，车体和保护可靠接地。

8）旁路电缆展放工作准备：地面电工和配合人员做好地面敷设、接续电缆的准备以及旁路引下电缆的挂接准备。

（3）现场作业阶段，流程图如图 4-154 所示。

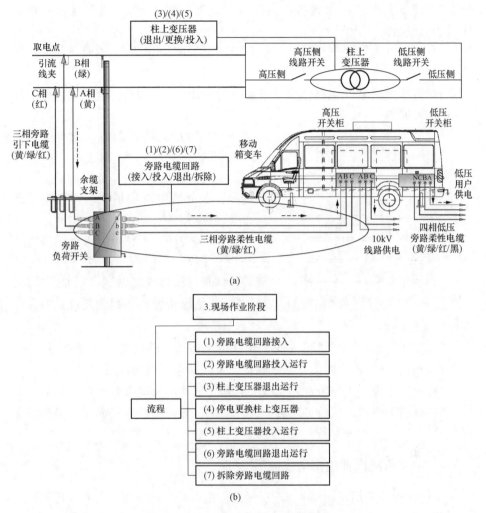

图 4-154 现场作业阶段流程图
(a) 分项作业步骤示意图；(b) 分项作业操作流程图

1）旁路电缆回路接入：执行《配电带电作业工作票》，遵照《作业指导书（卡）》操作。

2）旁路电缆回路投入运行：执行《配电倒闸操作票》，遵照《作业指导书（卡）》操作。

3）柱上变压器退出运行：执行《配电倒闸操作票》，遵照《作业指导书（卡）》操作。

4）停电更换柱上变压器：办理工作任务交接，执行《配电带电作业工作票》，遵照《作业指导书（卡）》操作。

5）柱上变压器投入运行：执行《配电倒闸操作票》，遵照《作业指导书（卡）》操作。

6）旁路电缆回路退出运行：执行《配电倒闸操作票》，遵照《作业指导书（卡）》操作。

7）拆除旁路电缆回路：执行《配电带电作业工作票》，遵照《作业指导书（卡）》操作。

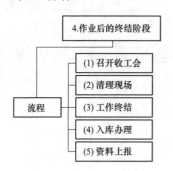

图 4-155　作业后的终结阶段流程图

（4）作业后的终结阶段，流程图如图 4-155 所示。

1）召开收工会：工作负责人对工作完成情况、安全措施落实情况、作业指导卡执行情况进行总结、点评。

2）清理现场：工作负责人组织班组成员整理工器具、材料，清洁后将其装箱、装袋、装车，清理现场做到"工完、料尽、场地清"，绝缘斗臂车各部位复位，绝缘斗臂车支腿已收回。

3）工作终结：工作负责人向工作许可人申请工作终结，记录许可方式、工作许可人、终结报告时间并签字确认，工作结束、撤离现场。

4）入库办理：工作负责人办理工器具（车辆）入库清单并签字确认。

5）资料上报：工作负责人负责资料上报、分类归档，完成任务单并签字确认。

4.4.3　旁路作业检修电缆线路工作

本流程管控适用于如图 4-156 所示的电缆线路（两端带 2 台欧式环网箱），旁路作业检修电缆线路，线路负荷电流不大于 200A 的工况，多专业人员协同工作，其中：①旁路作业人员负责旁路回路"接入"工作，执行《配电第一种工作票》；②运行操作人员负责"倒闸操作"工作，执行《配电倒闸操作票》；③停电作业人员负责停电"检修电缆线路"工作，执行《配电第一种工作票》。

（1）作业前的准备阶段，流程图如图 4-157 所示。

1）接受任务：明确工作地点、工作内容、计划工作时间等。

2）现场勘察：工作负责人或工作票签发人组织勘察，根据勘察结果确定作业方法、所需工具以及应采取的措施，《现场勘察记录》作为填写、签发《工作票》及编写《作业指导书（卡）》等的依据；开工前工作负责人应重新核对现场勘察情况，确认无变化后方可开工。

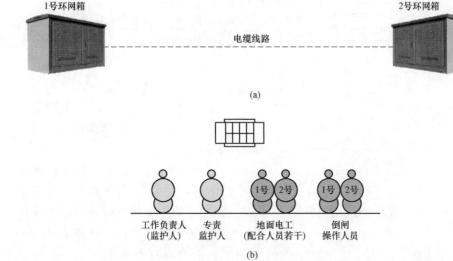

图 4-156 旁路作业检修电缆线路工作

(a) 架空线路示意图；(b) 人员分工示意图（包括地面配合人员若干）

3) 编写《作业指导书（卡）》：工作负责人编写《作业指导书（卡）》，并由编写人、审核人、审批人签名确认后生效。

4) 填写《工作票》：工作负责人填写《工作票》，工作票签发人签发生效后，一份送至工作许可人处，一份由工作负责人收执并始终持票；如工作票实行"双签发"时，双方工作票负责人分别签发、各自承担相应的安全责任。

5) 召开班前会：工作负责人组织学习《作业指导书（卡）》，明确作业方法、人员分工、工作职责、安全措施、作业步骤等，并填写《现场安全交底卡》。

图 4-157 作业前的准备阶段流程图

```
1.作业前的准备阶段
        ├── (1) 接受任务
        ├── (2) 现场勘察
        ├── (3) 编写《作业指导书（卡）》
流程 ────┼── (4) 填写《工作票》
        ├── (5) 召开班前会
        ├── (6) 领用工器具
        └── (7) 召开出车会
```

6) 领用工器具：核对工器具（包括旁路设备）电压等级和试验周期、外观完好无损，办理出入库清单并签字确认，装箱、装袋、装车并准备运输。

7) 召开出车会：检查作业车辆合格，工器具、材料齐全，作业人员着装统一、身体状况和精神状态正常，确认准备工作就绪后司乘人员安全出车。

（2）现场准备阶段，流程图如图 4-158 所示。

1) 现场复勘：核对确认线路名称、工作地点、工作内容，检查确认现场装置、环境符合作业条件，检查确认风速、湿度符合带电作业条件，检查工

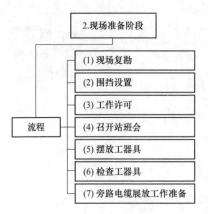

图 4-158　现场准备阶段流程图

作票所列安全措施。

2）围挡设置：设置安全围栏（包括沿作业路径的防潮布或彩条防雨布）、安全警示标志、路障等，增设临时交通疏导人员并且人员均穿反光衣。

3）工作许可：工作负责人申请工作许可，记录许可方式、工作许可人、工作许可时间并签名确认。

4）召开站班会：工作负责人列队宣读《工作票》，进行工作任务交底、安全措施交底、危险点告知，检查确认工作班成员精神状态良好，确认工作班成员安全交底知晓的签名，确认记录工作时间的签名，填写《安全交底卡》并签名确认。

5）摆放工器具：工器具分类摆放在防潮帆布上。

6）检查工器具：工器具试验合格周期核对，工器具外观检查和清洁。

7）旁路电缆展放工作准备：地面电工和配合人员做好地面敷设、接续电缆的准备以及旁路引下电缆的挂接准备。

（3）现场作业阶段，流程图如图 4-159 所示。

1）旁路电缆回路接入：执行《配电线路第一种工作票》，遵照《作业指导书（卡）》操作。

2）旁路电缆回路核相，执行《配电倒闸操作票》，遵照《作业指导书（卡）》操作。

3）旁路电缆回路投入运行：执行《配电倒闸操作票》，遵照《作业指导书（卡）》操作。

4）电缆线路退出运行：执行《配电倒闸操作票》，遵照《作业指导书（卡）》操作。

5）停电检修电缆线路：办理工作任务交接，执行《配电线路第一种工作票》，遵照《作业指导书（卡）》操作。

6）电缆线路投入运行：执行《配电倒闸操作票》，遵照《作业指导书（卡）》操作。

7）旁路电缆回路退出运行：执行《配电倒闸操作票》，遵照《作业指导书（卡）》操作。

8）拆除旁路电缆回路：执行《配电线路第一种工作票》，遵照《作业指导书（卡）》操作。

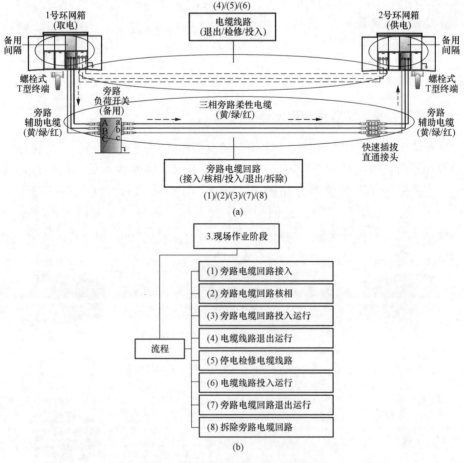

(a)

(b)

图 4-159 现场作业阶段流程图

（a）分项作业步骤示意图；（b）分项作业操作流程图

（4）作业后的终结阶段，流程图如图 4-160 所示。

1）召开收工会：工作负责人对工作完成情况、安全措施落实情况、作业指导卡执行情况进行总结、点评。

2）清理现场：工作负责人组织班组成员整理工器具、材料，清洁后将其装箱、装袋、装车，清理现场做到"工完、料尽、场地清"，绝缘斗臂车各部位复位，绝缘斗臂车支腿已收回。

3）工作终结：工作负责人向工作许可

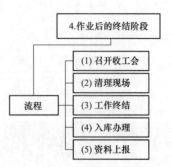

图 4-160 作业后的终结阶段流程图

人申请工作终结，记录许可方式、工作许可人、终结报告时间并签字确认，工作结束、撤离现场。

4）入库办理：工作负责人办理工器具（车辆）入库清单并签字确认。

5）资料上报：工作负责人负责资料上报、分类归档，完成任务单并签字确认。

4.4.4 旁路作业检修环网箱工作

本流程管控适用于如图 4-161 所示的电缆线路（欧式环网箱），旁路作业检修环网箱，线路负荷电流不大于 200A 的工况，多专业人员协同工作，其中：①旁路作业人员负责旁路回路"接入"工作，执行《配电第一种工作票》；②运行操作人员负责"倒闸操作"工作，执行《配电倒闸操作票》；③停电作业人员负责停电"检修环网箱"工作，执行《配电第一种工作票》。

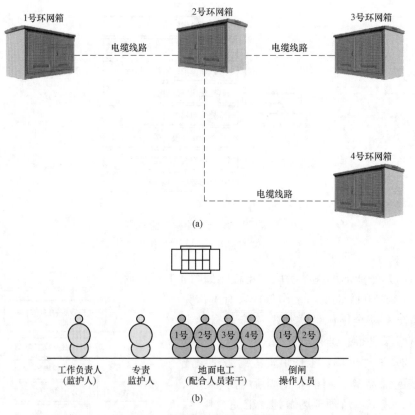

图 4-161 旁路作业检修环网箱工作

（a）架空线路示意图；（b）人员分工示意图（包括地面配合人员若干）

（1）作业前的准备阶段，流程图如图 4-162 所示。

1）接受任务：明确工作地点、工作内容、计划工作时间等。

2）现场勘察：工作负责人或工作票签发人组织勘察，根据勘察结果确定作业方法、所需工具以及应采取的措施，《现场勘察记录》作为填写、签发《工作票》及编写《作业指导书（卡）》等的依据；开工前工作负责人应重新核对现场勘察情况，确认无变化后方可开工。

3）编写《作业指导书（卡）》：工作负责人编写《作业指导书（卡）》，并由编写人、审核人、审批人签名确认后生效。

4）填写《工作票》：工作负责人填写《工作票》，工作票签发人签发生效后，一份送至工作许可人处，一份由工作负责人收执并始终持票；如工作票实行"双签发"时，双方工作票负责人分别签发、各自承担相应的安全责任。

5）召开班前会：工作负责人组织学习《作业指导书（卡）》，明确作业方法、人员分工、工作职责、安全措施、作业步骤等，并填写《现场安全交底卡》。

6）领用工器具：核对工器具（包括旁路设备）电压等级和试验周期、外观完好无损，办理出入库清单并签字确认，装箱、装袋、装车并准备运输。

7）召开出车会：检查作业车辆合格，工器具、材料齐全，作业人员着装统一、身体状况和精神状态正常，确认准备工作就绪后司乘人员安全出车。

（2）现场准备阶段，流程图如图 4-163 所示。

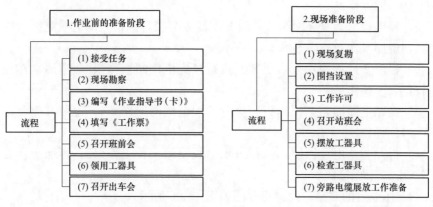

图 4-162　作业前的准备阶段流程图　　图 4-163　现场准备阶段流程图

1）现场复勘：核对确认线路名称、工作地点、工作内容，检查确认现场装置、环境符合作业条件，检查确认风速、湿度符合带电作业条件，检查工作票所列安全措施。

2）围挡设置：设置安全围栏（包括沿作业路径的防潮布或彩条防雨布）、安全警示标志、路障等，增设临时交通疏导人员并且人员均穿反光衣。

3）工作许可：工作负责人申请工作许可，记录许可方式、工作许可人、工作许可时间并签名确认。

4）召开站班会：工作负责人列队宣读《工作票》，进行工作任务交底、安全措施交底、危险点告知，检查确认工作班成员精神状态良好，确认工作班成员安全交底知晓的签名，记录工作时间并签名确认，填写《安全交底卡》并签名确认。

5）摆放工器具：工器具分类摆放在防潮帆布上。

6）检查工器具：工器具试验合格周期核对，工器具外观检查和清洁。

7）旁路电缆展放工作准备：地面电工和配合人员做好地面敷设、接续电缆的准备以及旁路引下电缆的挂接准备。

（3）现场作业阶段，流程图如图 4-164 所示。

1）旁路电缆回路接入：执行《配电线路第一种工作票》，遵照《作业指导书（卡）》操作。

2）旁路电缆回路核相，执行《配电倒闸操作票》，遵照《作业指导书（卡）》操作。

3）旁路电缆回路投入运行：执行《配电倒闸操作票》，遵照《作业指导书（卡）》操作。

4）检修 2 号环网箱退出运行：执行《配电倒闸操作票》，遵照《作业指导书（卡）》操作。

5）停电检修 2 号环网箱：办理工作任务交接，执行《配电线路第一种工作票》，遵照《作业指导书（卡）》操作。

6）检修 2 号环网箱投入运行：执行《配电倒闸操作票》，遵照《作业指导书（卡）》操作。

7）旁路电缆回路退出运行：执行《配电倒闸操作票》，遵照《作业指导书（卡）》操作。

8）拆除旁路电缆回路：执行《配电线路第一种工作票》，遵照《作业指导书（卡）》操作。

（4）作业后的终结阶段，流程图如图 4-165 所示。

1）召开收工会：工作负责人对工作完成情况、安全措施落实情况、作业指导卡执行情况进行总结、点评。

2）清理现场：工作负责人组织班组成员整理工器具、材料，清洁后将其装箱、装袋、装车，清理现场做到"工完、料尽、场地清"，绝缘斗臂车各部位复位，绝缘斗臂车支腿已收回。

3）工作终结：工作负责人向工作许可人申请工作终结，记录许可方式、工作许可人、终结报告时间并签字确认，工作结束、撤离现场。

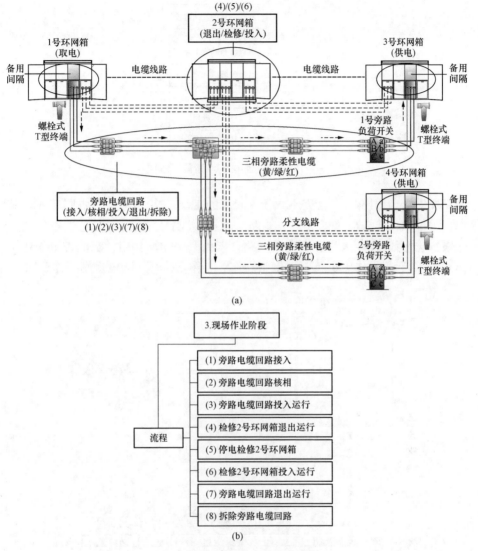

图 4-164　现场作业阶段流程图

（a）分项作业步骤示意图；（b）分项作业操作流程图

4）入库办理：工作负责人办理工器具（车辆）入库清单并签字确认。

5）资料上报：工作负责人负责资料上报、分类归档，完成任务单并签字确认。

4.4.5　从架空线路临时取电给移动箱变供电工作

本流程管控适用于如图 4-166 所示的架空线路，从架空线路临时取电给移

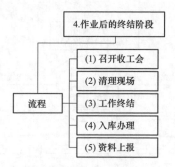

图 4-165 作业后的终结阶段流程图

动箱变供电，线路负荷电流不大于 200A 的工况，多专业人员协同工作，其中：①带电作业人员负责从架空线路"取电"工作，执行《配电带电作业工作票》；②旁路作业人员负责旁路回路"接入"工作，共用《配电带电作业工作票》；③运行操作人员负责"倒闸操作"工作，执行《配电倒闸操作票》。

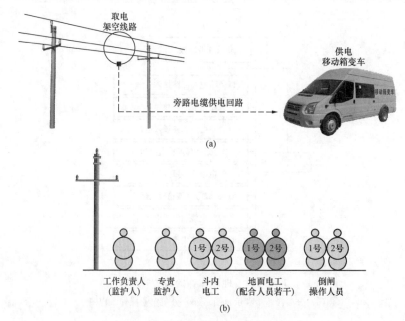

图 4-166 从架空线路临时取电给移动箱变供电工作
(a) 架空线路示意图；(b) 人员分工示意图

(1) 作业前的准备阶段，流程图如图 4-167 所示。

1) 接受任务：明确工作地点、工作内容、计划工作时间等。

2) 现场勘察：工作负责人或工作票签发人组织勘察，根据勘察结果确定作业方法、所需工具以及应采取的措施，《现场勘察记录》作为填写、签发

《工作票》及编写《作业指导书（卡）》等的依据；开工前工作负责人应重新核对现场勘察情况，确认无变化后方可开工。

3）编写《作业指导书（卡）》：工作负责人编写《作业指导书（卡）》，并由编写人、审核人、审批人签名确认后生效。

4）填写《工作票》：工作负责人填写《工作票》，工作票签发人签发生效后，一份送至工作许可人处，一份由工作负责人收执并始终持票；如工作票实行"双签发"时，双方工作票负责人分别签发、各自承担相应的安全责任。

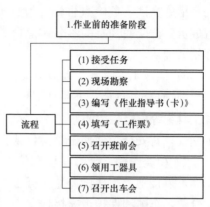

图 4-167　作业前的准备阶段流程图

5）召开班前会：工作负责人组织学习《作业指导书（卡）》，明确作业方法、人员分工、工作职责、安全措施、作业步骤等，并填写《现场安全交底卡》。

6）领用工器具：核对工器具（包括旁路设备）电压等级和试验周期、外观完好无损，办理出入库清单并签字确认，装箱、装袋、装车并准备运输。

7）召开出车会：检查作业车辆合格，工器具、材料齐全，作业人员着装统一、身体状况和精神状态正常，确认准备工作就绪后司乘人员安全出车。

（2）现场准备阶段，流程图如图4-168所示。

1）现场复勘：核对确认线路名称、工作地点、工作内容，检查确认现场装置、环境符合作业条件，检查确认风速、湿度符合带电作业条件，检查工作票所列安全措施（必要时可进行补充）。

图 4-168　现场准备阶段流程图

2）围挡设置：设置安全围栏（包括沿作业路径的防潮布或彩条防雨布）、安全警示标志、路障等，增设临时交通疏导人员并且人员均穿反光衣。

3）工作许可：工作负责人申请工作许可，记录许可方式、工作许可人、工作许可时间并签名确认。

4）召开站班会：工作负责人列队宣读《工作票》，进行工作任务交底、

安全措施交底、危险点告知，检查确认工作班成员精神状态良好，确认工作班成员安全交底知晓的签名，记录工作时间并签名确认，填写《安全交底卡》并签名确认。

5）摆放工器具：工器具分类摆放在防潮帆布上。

6）检查工器具：工器具试验合格周期核对，工器具外观检查和清洁，绝缘工具绝缘电阻检测不小于 700MΩ，对绝缘手套应做充压气检测且检测结果不漏气，对安全带做冲击试验且试验结果应合格。

7）检查车辆：绝缘斗臂车停放位置合适，支腿支到垫板上、轮胎离地、车体可靠接地，空斗试操作运行正常（升降、伸缩、回转等）；移动箱变车停位合适，车体和保护可靠接地。

8）旁路电缆展放工作准备：地面电工和配合人员做好地面敷设、接续电缆的准备以及旁路引下电缆的挂接准备。

（3）现场作业阶段，流程图如图 4-169 所示。

1）旁路电缆回路接入：执行《配电带电作业工作票》，遵照《作业指导书（卡）》操作。

2）旁路电缆回路投入运行：执行《配电倒闸操作票》，遵照《作业指导书（卡）》操作。

3）移动箱变投入运行：执行《配电倒闸操作票》，遵照《作业指导书（卡）》操作。

4）确认移动箱变运行正常：执行《配电倒闸操作票》，遵照《作业指导书（卡）》操作。

5）移动箱变退出运行：执行《配电倒闸操作票》，遵照《作业指导书（卡）》操作。

6）旁路电缆回路退出运行：执行《配电倒闸操作票》，遵照《作业指导书（卡）》操作。

7）拆除旁路电缆回路：执行《配电带电作业工作票》，遵照《作业指导书（卡）》操作。

（4）作业后的终结阶段，流程图如图 4-170 所示。

1）召开收工会：工作负责人对工作完成情况、安全措施落实情况、作业指导卡执行情况进行总结、点评。

2）清理现场：工作负责人组织班组成员整理工器具、材料，清洁后将其装箱、装袋、装车，清理现场做到"工完、料尽、场地清"，绝缘斗臂车各部位复位，绝缘斗臂车支腿已收回。

3）工作终结：工作负责人向工作许可人申请工作终结，记录许可方式、工作许可人、终结报告时间并签字确认，工作结束、撤离现场。

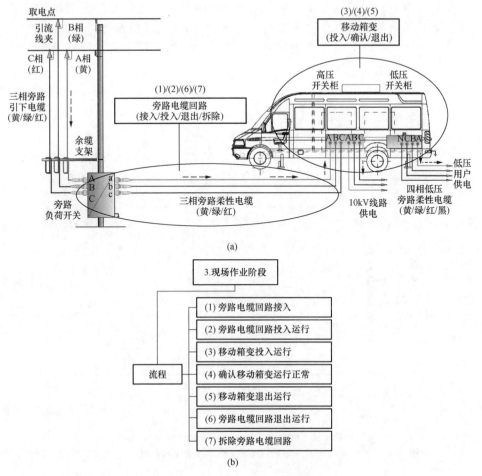

(a)

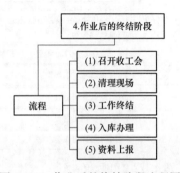

(b)

图 4-169 现场作业阶段流程图

（a）分项作业步骤示意图；（b）分项作业操作流程图

4）入库办理：工作负责人办理工器具（车辆）入库清单并签字确认。

5）资料上报：工作负责人负责资料上报、分类归档，完成任务单并签字确认。

4.4.6 从架空线路临时取电给环网箱供电工作

本流程管控适用于如图 4-171 所示的架空线路，从架空线路临时取电给环网箱供电，线路负荷电流不大于 200A 的

图 4-170 作业后的终结阶段流程图

工况，多专业人员协同工作，其中：①带电作业人员负责从架空线路"取电"工作，执行《配电带电作业工作票》；②旁路作业人员负责旁路回路"接入"工作，共用《配电带电作业工作票》；③运行操作人员负责"倒闸操作"工作，执行《配电倒闸操作票》。

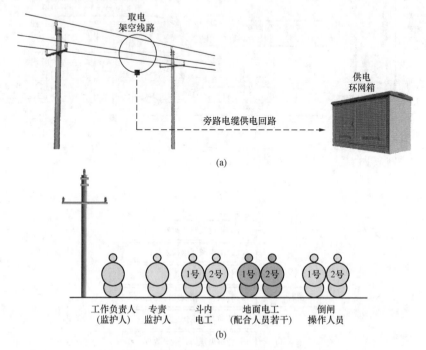

图 4-171　从架空线路临时取电给环网箱工作

（a）架空线路示意图；（b）人员分工示意图

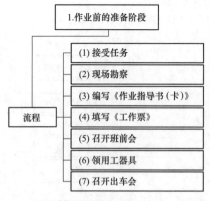

图 4-172　作业前的准备阶段流程图

（1）作业前的准备阶段，流程图如图 4-172 所示。

1）接受任务：明确工作地点、工作内容、计划工作时间等。

2）现场勘察：工作负责人或工作票签发人组织勘察，根据勘察结果确定作业方法、所需工具以及应采取的措施，《现场勘察记录》作为填写、签发《工作票》及编写《作业指导书（卡）》等的依据；开工前工作负责人应重新核对现场勘察情况，确认无变化后方可开工。

3）编写《作业指导书（卡）》：工作负责人编写《作业指导书（卡）》，并由编写人、审核人、审批人签名确认后生效。

4）填写《工作票》：工作负责人填写《工作票》，工作票签发人签发生效后，一份送至工作许可人处，一份由工作负责人收执并始终持票；如工作票实行"双签发"时，双方工作票负责人分别签发、各自承担相应的安全责任。

5）召开班前会：工作负责人组织学习《作业指导书（卡）》，明确作业方法、人员分工、工作职责、安全措施、作业步骤等，并填写《现场安全交底卡》。

6）领用工器具：核对工器具（包括旁路设备）电压等级和试验周期、外观完好无损，办理出入库清单并签字确认，装箱、装袋、装车并准备运输。

7）召开出车会：检查作业车辆合格，工器具、材料齐全，作业人员着装统一、身体状况和精神状态正常，确认准备工作就绪后司乘人员安全出车。

（2）现场准备阶段，流程图如图4-173所示。

1）现场复勘：核对确认线路名称、工作地点、工作内容，检查确认现场装置、环境符合作业条件，检查确认风速、湿度符合带电作业条件，检查工作票所列安全措施。

2）围挡设置：设置安全围栏（包括沿作业路径的防潮布或彩条防雨布）、安全警示标志、路障等，增设临时交通疏导人员并且人员均穿反光衣。

3）工作许可：工作负责人申请工作许可，记录许可方式、工作许可人、工作许可时间并签名确认。

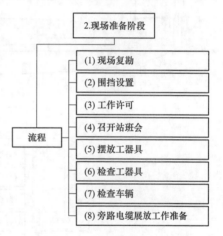

图 4-173　现场准备阶段流程图

4）召开站班会：工作负责人列队宣读《工作票》，进行工作任务交底、安全措施交底、危险点告知，检查确认工作班成员精神状态良好，确认工作班成员安全交底知晓的签名，记录工作时间并签名确认，填写《安全交底卡》并签名确认。

5）摆放工器具：工器具分类摆放在防潮帆布上。

6）检查工器具：工器具试验合格周期核对，工器具外观检查和清洁，绝缘工具绝缘电阻检测不小于700MΩ，对绝缘手套应做充压气检测且检测结果不漏气，对安全带做冲击试验且试验结果应合格。

7）检查车辆：绝缘斗臂车停放位置合适，支腿支到垫板上、轮胎离地、车体可靠接地，空斗试操作运行正常（升降、伸缩、回转等）；移动箱变车停位合适，车体和保护可靠接地。

8）旁路电缆展放工作准备：地面电工和配合人员做好地面敷设、接续电缆的准备以及旁路引下电缆的挂接准备。

（3）现场作业阶段，流程图如图 4-174 所示。

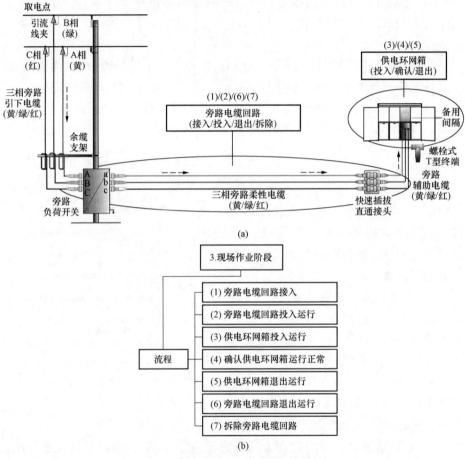

图 4-174　现场作业阶段流程图

(a) 分项作业步骤示意图；(b) 分项作业操作流程图

1）旁路电缆回路接入：执行《配电带电作业工作票》，遵照《作业指导书（卡）》操作。

2）旁路电缆回路投入运行：执行《配电倒闸操作票》，遵照《作业指导书（卡）》操作。

3）供电环网箱投入运行：执行《配电倒闸操作票》，遵照《作业指导书（卡）》操作。

4）确认供电环网箱运行正常：执行《配电倒闸操作票》，遵照《作业指导书（卡）》操作。

5）供电环网箱退出运行：执行《配电倒闸操作票》，遵照《作业指导书（卡）》操作。

6）旁路电缆回路退出运行：执行《配电倒闸操作票》，遵照《作业指导书（卡）》操作。

7）拆除旁路电缆回路：执行《配电带电作业工作票》，遵照《作业指导书（卡）》操作。

（4）作业后的终结阶段，流程图如图4-175所示。

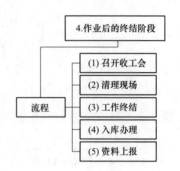

1）召开收工会：工作负责人对工作完成情况、安全措施落实情况、作业指导卡执行情况进行总结、点评。

2）清理现场：工作负责人组织班组成员整理工器具、材料，清洁后将其装箱、装袋、装车，清理现场做到"工完、料尽、场地清"，绝缘斗臂车各部位复位，绝缘斗臂车支腿已收回。

图 4-175　作业后的终结阶段流程图

3）工作终结：工作负责人向工作许可人申请工作终结，记录许可方式、工作许可人、终结报告时间并签字确认，工作结束、撤离现场。

4）入库办理：工作负责人办理工器具（车辆）入库清单并签字确认。

5）资料上报：工作负责人负责资料上报、分类归档，完成任务单并签字确认。

4.4.7　从环网箱临时取电给移动箱变供电工作

本流程管控适用于如图4-176所示的环网箱，从环网箱临时取电给移动箱变，线路负荷电流不大于200A的工况，多专业人员协同工作，其中：①旁路作业人员负责旁路回路"接入"工作，执行《配电第一种工作票》；②运行操作人员负责"倒闸操作"工作，执行《配电倒闸操作票》。

（1）作业前的准备阶段，流程图如图4-177所示。

1）接受任务：明确工作地点、工作内容、计划工作时间等。

2）现场勘察：工作负责人或工作票签发人组织勘察，根据勘察结果确定作业方法、所需工具以及应采取的措施，《现场勘察记录》作为填写、签发《工作票》及编写《作业指导书（卡）》等的依据；开工前工作负责人应重新

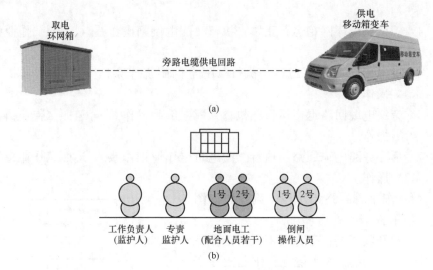

图 4-176　旁路作业检修电缆线路工作
(a) 架空线路示意图；(b) 人员分工示意图（包括地面配合人员若干）

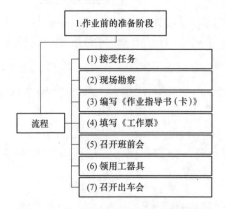

图 4-177　作业前的准备阶段流程图

核对现场勘察情况，确认无变化后方可开工。

3）编写《作业指导书（卡）》：工作负责人编写《作业指导书（卡）》，并由编写人、审核人、审批人签名确认后生效。

4）填写《工作票》：工作负责人填写《工作票》，工作票签发人签发生效后，一份送至工作许可人处，一份由工作负责人收执并始终持票；如工作票实行"双签发"时，双方工作票负责人分别签发、各自承担相应的安全责任。

5）召开班前会：工作负责人组织学习《作业指导书（卡）》，明确作业方法、人员分工、工作职责、安全措施、作业步骤等，并填写《现场安全交底卡》。

6）领用工器具：核对工器具（包括旁路设备）电压等级和试验周期、外观完好无损，办理出入库清单并签字确认，装箱、装袋、装车并准备运输。

7）召开出车会：检查作业车辆合格，工器具、材料齐全，作业人员着装统一、身体状况和精神状态正常，确认准备工作就绪后司乘人员安全出车。

（2）现场准备阶段，流程图如图 4-178 所示。

1）现场复勘：核对确认线路名称、工作地点、工作内容，检查确认现场装置、环境符合作业条件，检查确认风速、湿度符合带电作业条件，检查工作票所列安全措施（必要时可进行补充）。

2）围挡设置：设置安全围栏（包括沿作业路径的防潮布或彩条防雨布）、安全警示标志、路障等，增设临时交通疏导人员并且人员均穿反光衣。

3）工作许可：工作负责人申请工作许可，记录许可方式、工作许可人、工作许可时间并签名确认。

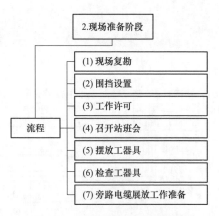

图 4-178　现场准备阶段流程图

4）召开站班会：工作负责人列队宣读《工作票》，进行工作任务交底、安全措施交底、危险点告知，检查确认工作班成员精神状态良好，确认工作班成员安全交底知晓的签名，记录工作时间并签名确认，填写《安全交底卡》并签名确认。

5）摆放工器具：工器具分类摆放在防潮帆布上。

6）检查工器具：工器具试验合格周期核对，工器具外观检查和清洁；移动箱变车停位合适，车体和保护可靠接地。

7）旁路电缆展放工作准备：地面电工和配合人员做好地面敷设、接续电缆的准备以及旁路引下电缆的挂接准备。

（3）现场作业阶段，流程图如图 4-179 所示。

1）旁路电缆回路接入：执行《配电线路第一种工作票》，遵照《作业指导书（卡）》操作。

2）旁路电缆回路投入运行：执行《配电倒闸操作票》，遵照《作业指导书（卡）》操作。

3）移动箱变投入运行：执行《配电倒闸操作票》，遵照《作业指导书（卡）》操作。

4）确认移动箱变运行正常：执行《配电倒闸操作票》，遵照《作业指导书（卡）》操作。

5）移动箱变退出运行：执行《配电倒闸操作票》，遵照《作业指导书（卡）》操作。

6）旁路电缆回路退出运行：执行《配电倒闸操作票》，遵照《作业指导书（卡）》操作。

7）拆除旁路电缆回路：执行《配电线路第一种工作票》，遵照《作业指

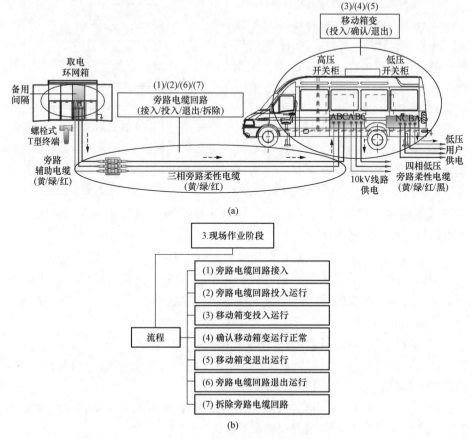

(a)

(b)

图 4-179 现场作业阶段流程图

（a）分项作业步骤示意图；（b）分项作业操作流程图

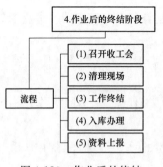

图 4-180 作业后的终结
阶段流程图

导书（卡）》操作。

（4）作业后的终结阶段，流程图如图 4-180 所示。

1）召开收工会：工作负责人对工作完成情况、安全措施落实情况、作业指导卡执行情况进行总结、点评。

2）清理现场：工作负责人组织班组成员整理工器具、材料，清洁后将其装箱、装袋、装车，清理现场做到"工完、料尽、场地清"，绝缘斗臂车各部位复位，绝缘斗臂车支腿已收回。

3）工作终结：工作负责人向工作许可人申请工作终结，记录许可方式、工作许可人、终结报告时间并签字确认，工作结束、撤离现场。

4）入库办理：工作负责人办理工器具（车辆）入库清单并签字确认。

5）资料上报：工作负责人负责资料上报、分类归档，完成任务单并签字确认。

4.4.8 从环网箱临时取电给环网箱供电工作

本流程管控适用于如图 4-181 所示的环网箱，从环网箱临时取电给移动箱变，线路负荷电流不大于 200A 的工况，多专业人员协同工作，其中：①旁路作业人员负责旁路回路"接入"工作，执行《配电第一种工作票》；②运行操作人员负责"倒闸操作"工作，执行《配电倒闸操作票》。

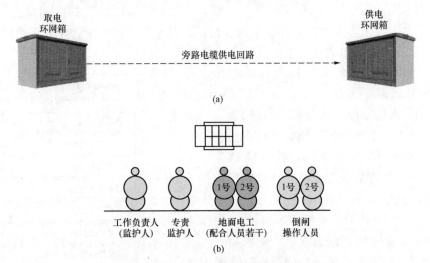

图 4-181　旁路作业检修电缆线路工作
(a) 架空线路示意图；(b) 人员分工示意图（包括地面配合人员若干）

（1）作业前的准备阶段，流程图如图 4-182 所示。

1）接受任务：明确工作地点、工作内容、计划工作时间等。

2）现场勘察：工作负责人或工作票签发人组织勘察，根据勘察结果确定作业方法、所需工具以及应采取的措施，《现场勘察记录》作为填写、签发《工作票》及编写《作业指导书（卡）》等的依据；开工前工作负责人应重新核对现场勘察情况，确认无变化后方可开工。

3）编写《作业指导书（卡）》：工作负责人编写《作业指导书（卡）》，并由编写人、审核人、审批人签名确认后生效。

4）填写《工作票》：工作负责人填写《工作票》，工作票签发人签发生效后，一份送至工作许可人处，一份由工作负责人收执并始终持票；如工作票

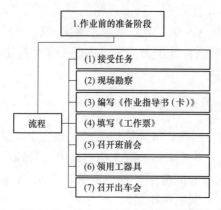

图 4-182 作业前的准备阶段流程图

实行"双签发"时，双方工作票负责人分别签发、各自承担相应的安全责任。

5）召开班前会：工作负责人组织学习《作业指导书（卡）》，明确作业方法、人员分工、工作职责、安全措施、作业步骤等，并填写《现场安全交底卡》。

6）领用工器具：核对工器具（包括旁路设备）电压等级和试验周期、外观完好无损，办理出入库清单并签字确认，装箱、装袋、装车并准备运输。

7）召开出车会：检查作业车辆合格，工器具、材料齐全，作业人员着装统一、身体状况和精神状态正常，确认准备工作就绪后司乘人员安全出车。

（2）现场准备阶段，流程图如图 4-183 所示。

1）现场复勘：核对确认线路名称、工作地点、工作内容，检查确认现场装置、环境符合作业条件，检查确认风速、湿度符合带电作业条件，检查工作票所列安全措施。

2）围挡设置：设置安全围栏（包括沿作业路径的防潮布或彩条防雨布）、安全警示标志、路障等，增设临时交通疏导人员并且人员均穿反光衣。

3）工作许可：工作负责人申请工作许可，记录许可方式、工作许可人、工作许可时间并签名确认。

2.现场准备阶段
（1）现场复勘
（2）围挡设置
（3）工作许可
（4）召开站班会
（5）摆放工器具
（6）检查工器具
（7）旁路电缆展放工作准备

图 4-183 现场准备阶段流程图

4）召开站班会：工作负责人列队宣读《工作票》，进行工作任务交底、安全措施交底、危险点告知，检查确认工作班成员精神状态良好，确认工作班成员安全交底知晓的签名，记录工作时间并签名确认，填写《安全交底卡》并签名确认。

5）摆放工器具：工器具分类摆放在防潮帆布上。

6）检查工器具：工器具试验合格周期核对，工器具外观检查和清洁。

7）旁路电缆展放工作准备：地面电工和配合人员做好地面敷设、接续电缆的准备以及旁路引下电缆的挂接准备。

（3）现场作业阶段，流程图如图 4-184 所示。

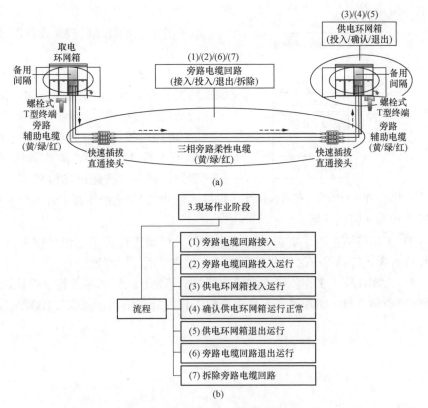

图 4-184　现场作业阶段流程图

（a）分项作业步骤示意图；（b）分项作业操作流程图

1）旁路电缆回路接入：执行《配电线路第一种工作票》，遵照《作业指导书（卡）》操作。

2）旁路电缆回路投入运行：执行《配电倒闸操作票》，遵照《作业指导书（卡）》操作。

3）供电环网箱投入运行：执行《配电倒闸操作票》，遵照《作业指导书（卡）》操作。

4）确认供电环网箱运行正常：执行《配电倒闸操作票》，遵照《作业指导书（卡）》操作。

5）供电环网箱退出运行：执行《配电倒闸操作票》，遵照《作业指导书（卡）》操作。

6）旁路电缆回路退出运行：执行《配电倒闸操作票》，遵照《作业指导书（卡）》操作。

7）拆除旁路电缆回路：执行《配电线路第一种工作票》，遵照《作业指导书（卡）》操作。

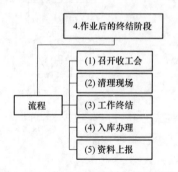

图 4-185　作业后的终结阶段流程图

（4）作业后的终结阶段，流程图如图 4-185 所示。

1）召开收工会：工作负责人对工作完成情况、安全措施落实情况、作业指导卡执行情况进行总结、点评。

2）清理现场：工作负责人组织班组成员整理工器具、材料，清洁后将其装箱、装袋、装车，清理现场做到"工完、料尽、场地清"，绝缘斗臂车各部位复位，绝缘斗臂车支腿已收回。

3）工作终结：工作负责人向工作许可人申请工作终结，记录许可方式、工作许可人、终结报告时间并签字确认，工作结束、撤离现场。

4）入库办理：工作负责人办理工器具（车辆）入库清单并签字确认。

5）资料上报：工作负责人负责资料上报、分类归档，完成任务单并签字确认。

5 作业方案执行管控（管方案控执行）

作业方案执行管控包括现场勘察记录的填写与执行、工作票的填写与执行、操作票的填写与执行、作业指导书（卡）的编写与执行等。严把现场作业方案风险关并严格落实，确保现场勘察制度、工作票制度、工作许可制度、工作监护制度、工作终结制度执行到位。

5.1 现场勘察记录的填写和执行管控

按照 Q/GDW 10799.8—2023《国家电网有限公司电力安全工作规程　第8部分：配电部分》5.2.2、5.2.4、5.2.5、11.1.8 的规定，有：

（1）工作票签发人或工作负责人认为有必要现场勘察的配电检修（施工）作业和用户工程、设备上的工作，应根据工作任务组织现场勘察，并填写现场勘察记录。

（2）现场勘察应由工作票签发人或工作负责人组织，工作负责人、设备运维管理单位（用户单位）和检修（施工）单位相关人员参加。

（3）现场勘察后，现场勘察记录应送交工作票签发人、工作负责人及相关各方作为填写、签发工作票等的依据。对危险性、复杂性和困难程度较大的作业项目，应制定有针对性的施工方案。

（4）开工前，工作负责人或工作票签发人应重新核对现场勘察情况，发现与原勘察情况有变化时，应修正、完善相应的安全措施。

（5）带电作业项目，应勘察配电线路是否符合带电作业条件、同杆（塔）架设线路及其方位和电气间距、作业现场条件和环境及其他影响作业的危险点，并根据勘察结果确定带电作业方法、所需工具以及应采取的措施。

依据 Q/GDW 10799.8—2023《国家电网有限公司电力安全工作规程　第8部分：配电部分》附录 A 的规定，10kV 配网不停电作业用《现场勘察记录》格式如下所示。其中："4.5.2 现场勘察（三张）照片、4.6 现场勘察意见、4.7 现场核对原现场勘察情况"为推荐增加的内容（供参考）。

现场勘察记录（格式一）

勘察单位：＿＿＿＿＿＿＿＿＿＿＿＿ 部门（或班组）：＿＿＿＿＿＿

编号：＿＿＿＿＿＿＿

1. 勘察负责人：＿＿＿＿＿＿＿勘察人员：＿＿＿＿＿＿＿＿＿＿

＿＿＿＿＿＿＿＿＿＿＿

2. 勘察的线路名称或设备双重名称：＿＿＿＿＿＿＿＿＿＿＿＿＿

＿＿＿＿＿＿＿＿＿＿＿

3. 工作任务：＿＿＿＿＿＿＿＿＿＿＿＿＿＿＿＿＿＿＿＿＿＿＿

＿＿＿＿＿＿＿＿＿＿＿

4. 现场勘察内容：

4.1 工作地点需要停电的范围
4.2 保留的带电部位
4.3 作业现场的条件、环境及其他危险点
4.4 应采取的安全措施

4.5   附图与说明

4.5.1   现场勘察简图（注：手绘道路、建筑物、作业范围等，标注出线变名称、线路名称、杆号等）

4.5.2   现场勘察（三张）照片（点位近景杆号牌、作业部位杆上情况、点位远景道路情况）

4.6   现场勘察意见（推荐增加的内容）

(1) 是否具备现场作业条件：具备。

(2) 作业方法选择：绝缘杆作业法（登杆作业）。

(3) 风险等级：四级/编写作业指导卡。

(4) 通道有无清理：无。

(5) 道路封路情况：不封路。

4.7   现场核对原现场勘察情况（推荐增加的内容）

(1) 无变化：安全措施不变。

(2) 有变化：修正和补充的安全措施_____

_____。

记录人：_____ 勘察日期：_____年____月___日___时

现场勘察记录（格式二）

勘察单位：_____ 部门（或班组）：_____

编号：_____

1. 勘察负责人：_____ 勘察人员：_____

_____

2. 勘察的线路名称或设备双重名称：_____

_____

3. 工作任务：_____

_____

4. 现场勘察内容：

4.1　工作地点需要停电的范围

4.2　保留的带电部位

4.3　作业现场的条件、环境及其他危险点（方框内打"√"或填写"其他"）

4.3.1　线路条件：

（1）回路：□单回路/□双回路/□三回路/其他_____。

（2）排列：□三角排列/□水平排列/□垂直排列/□其他_____。

4.3.2　导线条件：

（1）主线路导线型号：□70/□95/□120/□185/□240/□其他_____/□绝缘导线/□裸导线。

（2）引线或分支线型号：□70/□95/□120/□185/□240/□其他_____/□绝缘导线/□裸导线。

（3）其他相关条件：_____

_____。

4.3.3 电杆条件：

(1) 杆型：□直线分支杆/□直线分支杆（有熔断器）/□电缆终端引下杆/□电缆直线引下杆/□直线杆/□直线耐张杆/□变台杆/□隔离开关杆/□柱上开关杆/□其他_____。

(2) 杆高：□10m/□12m/□13m/□15m/□18m/□其他____m/□水泥杆/□钢管杆/□铁塔。

(3) 横担长：□1.1m/□1.5m/□1.7m/□1.8m/□其他____m。

4.3.4 环境条件：

(1) 交叉临近情况：□无/□高低压线同杆/□拉线同杆/□弱电线同杆/□交叉带电线路/□临近带电线路/□临近树道/□其他_____。

(2) 作业位置位于：□道路旁/□田地旁/□丘陵旁/□建筑边/□地下管网沟道处/□电缆井处/□其他__。

(3) 多电源和自发电情况：□无/□有。

(4) 其他影响施工作业的设施情况：□无/□有。

4.4 应采取的安全措施

(1) 作业现场围蔽：□装设"在此工作、从此进出！"警示围栏/□悬挂"止步，高压危险！"警示标示牌/□设置路障/□导向警示牌"前方施工，请慢行"/□其他_____。

(2) 危险点预控：□高处坠落/□物体打击/□触电伤害/□机械伤害/□人员跌倒。

(3) 调控或运维人员：□线路重合闸停用/□线路重合闸不停用/□作业点负荷侧开关断开/□作业点负荷侧开关不断开/□悬挂"禁止合闸，线路有人工作"标示牌/□不悬挂"禁止合闸，线路有人工作"标示牌。

4.5 附图与说明

4.5.1 现场勘察简图（注：手绘道路、建筑物、作业范围等，标注出线变名称、线路名称、杆号等）。

4.5.2 现场勘察（三张）照片（点位近景杆号牌、作业部位杆上情况、点位远景道路情况）。

4.6 现场勘察意见（推荐增加的内容）

（1）现场作业条件：□具备/□不具备，原因：_____

_____。

（2）作业方法选择：

1）□绝缘杆作业法（□登杆作业/□绝缘斗臂车作业）；

2）□绝缘手套作业法（□绝缘斗臂车作业/□绝缘平台作业）；

3）□绝缘手套作业法（绝缘引流线法负荷转移）（□绝缘斗臂车作业/□绝缘平台作业）；

4）□绝缘手套作业法（旁路作业法负荷转移）（□绝缘斗臂车作业/□绝缘平台作业）；

5）□绝缘手套作业法（桥接施工法负荷转移）（□绝缘斗臂车作业/□绝缘平台作业）；

6）□综合不停电作业法（转供电作业）（□旁路设备作业＋□绝缘斗臂车作业＋□绝缘平台作业）；

7）□综合不停电作业法（临时取电作业）（□旁路设备作业＋□绝缘斗臂车作业＋□绝缘平台作业）；

8）□其他：_____。

（3）风险等级：□四级/编写作业指导卡；□三级/编写三措一案（作业指导书）。

（4）通道清理：□无/□树木修剪/□地面平整/□其他：_____

_____。

（5）道路封路：□不封路/□封路（报备）/□半封路（报备）/□其他：_____。

（6）其他意见：_____

_____。

4.7 现场核对原现场勘察情况（推荐增加的内容）

（1）无变化：安全措施不变。

（2）有变化：修正和补充的安全措施_____

_____。

记录人：_____ 勘察日期：_____年____月____日____时

5.2 作业指导书（卡）的编写与执行管控

现场作业指导书（卡），是对作业全过程控制指导的约束性文件，是依据工作流程组合成的执行文件，现场作业必须遵照执行作业指导书（卡），作业前必须履行相关审批手续，执行的作业指导书（卡）应保存一年。

5.2.1 作业指导卡的编写格式

结合生产实际，10kV 配网不停电作业指导卡（推荐格式）如下。

作业指导卡（推荐格式）

单位		编号		
作业地点		作业时间	年　　月	日
作业内容				
工作负责人		作业班组		
工作班成员	共＿＿人			

1. 作业前的准备阶段

序号	步骤	内容及注意事项	√

2. 现场准备阶段

序号	步骤	内容及注意事项	√

3. 现场作业阶段

序号	步骤	内容及注意事项	√

4. 作业后的终结阶段

序号	步骤	内容及注意事项	√

编写：(工作负责人)　　审核：＿＿＿＿＿＿　批准：＿＿＿＿＿＿

5.2.2 作业指导书（施工方案）的编写格式

结合生产实际，10kV 配网不停电作业推荐用作业指导书（施工方案）格式如下（供参考）。

封面部分：

编号：＿＿＿＿＿＿

＿＿＿＿＿＿＿＿＿＿＿（项目名称）

作业指导书（施工方案）

编写：＿＿＿＿＿＿＿＿　日期：＿＿＿＿＿＿
审核：＿＿＿＿＿＿＿＿　日期：＿＿＿＿＿＿
审批：＿＿＿＿＿＿＿＿　日期：＿＿＿＿＿＿
运行单位：＿＿＿＿＿＿＿＿＿＿＿＿＿＿＿
工程名称：＿＿＿＿＿＿＿＿＿＿＿＿＿＿＿
施工单位：＿＿＿＿＿＿＿＿＿＿＿＿＿＿＿

＿＿＿年＿＿月＿＿日

内文部分：

1 工程概况

1.1 编制依据

1.1.1 《现场勘察记录》

1.1.2 引用文件

Q/GDW 10520—2016《10kV 配网不停电作业规范》

Q/GDW 10799.8—2023《国家电网有限公司电力安全工作规程 第 8 部分：配电部分》

国家电网设备〔2022〕89 号《国家电网有限公司关于进一步加强生产现场作业风险管控工作的通知》附件 5《配电现场作业风险管控实施细则（试行）》

1.2 作业地点

依据《现场勘察记录》，本方案适用于如图 1、图 2、图 3 所示的_____变_____线___号杆。

图 1 点位近景杆号牌照片　　图 2 作业部位杆　　图 3 点位远景
　　　　　　　　　　　　　　　　上情况照片　　　　　道路情况照片

注：现场勘察（三张）照片图。

1.3 作业任务

依据《现场勘察记录》、Q/GDW 10520—2016《10kV 配网不停电作业规范》，本方案采用_____（作业方法）完成_____（作业内容）工作，现场布置见如图 4 所示的现场勘察简图。

图 4 现场勘察简图

1.4 风险等级

依据国家电网设备〔2022〕89 号《国家电网有限公司关于进一步加强生产现场作业风险管控工作的通知》附件 5《配电现场作业风险管控实施细则（试行）》，本次作业风险等级为×级，编写作业指导书（卡）并遵照执行。

1.5 计划作业时间

___年 ___月 ___日 ___时 ___分至___时___分。

2 组织措施

2.1 工作制度

2.1.1 ……

3 技术措施

3.1 停用重合闸

3.1.1 ……

3.2 个人防护

3.2.1 ……

3.3 现场检测

3.3.1 ……

3.4 验电检流

3.4.1 ……

3.5 安全距离

3.5.1 ……

3.6 绝缘遮蔽

3.6.1 ……

4 安全措施

4.1 危险点预控措施

4.1.1 ……

4.2 安全措施注意事项

4.2.1 ……

5 施工方案

5.1 人员配置

5.1.1 ……

5.2 装备配置

5.2.1 ……

5.3 作业流程

5.3.1 作业前的准备阶段

5.3.1.1 ……

5.3.2 现场准备阶段

5.3.2.1 ……

5.3.3 现场作业阶段

5.3.3.1 ……

5.3　工作票的填写与执行管控

工作票是指批准在电气设备上进行工作的凭证。填写和签发工作票，是保证工作任务完成，保证人身和设备安全防止事故发生的组织措施的基础和核心。禁止无票作业。按照 Q/GDW 10799.8—2023《国家电网有限公司电力安全工作规程　第 8 部分：配电部分》5.3.4、5.3.8.1、5.3.8.7、5.3.9.7、5.3.9.19 的规定，有：

（1）高压配电带电作业，要填用配电带电作业工作票。

（2）工作票由工作负责人或工作票签发人填写。

（3）对于承、发包工程，如工作票实行"双签发"，签发工作票时，双方工作票签发人在工作票上分别签名，各自承担相应的安全责任。

（4）工作许可时，工作票一份由工作负责人收执，其余留存于工作票签发人或工作许可人处。工作期间，工作负责人应始终持有工作票。

（5）已终结的工作票（含工作任务单）、故障紧急抢修单、现场勘察记录应至少保存 1 年。

依据 Q/GDW 10799.8—2023《国家电网有限公司电力安全工作规程　第 8 部分：配电部分》附录 D 的规定，10kV 配网不停电作业用《配电带电作业工作票》格式如下。

配电带电作业工作票

单位：＿＿＿＿＿＿＿＿＿＿＿＿＿　编号：＿＿＿＿＿＿＿＿

1. 工作负责人：＿＿＿＿＿＿＿＿＿　班组：＿＿＿＿＿＿＿

2. 工作班成员（不包括工作负责人）：＿＿＿＿＿＿＿＿＿＿

＿＿＿＿＿＿＿＿＿＿＿＿＿＿＿＿共＿人。

3. 工作任务：

工作线路名称或设备双重名称	工作地段、范围	工作内容及人员分工	监护人

4. 计划工作时间：自_____年____月____日____时____分

　　　　　　　　　　至_____年____月____日____时____分

5. 安全措施：

5.1　调控或运维人员应采取的安全措施：

线路名称或设备双重名称	是否需要停用重合闸	作业点负荷侧需要停电的线路、设备	应装设的安全遮栏（围栏）和悬挂的标志牌

5.2　其他危险点预控措施和注意事项：

_____

_____

_____

_____

_____

_____

_____

　　工作票签发人签名：_____年____月____日____时____分

　　工作负责人签名：_____年____月____日____时____分

6. 工作许可：

许可的线路、设备	许可方式	工作许可人	工作负责人签名	工作许可时间

7. 现场补充的安全措施：

8. 现场交底：工作班成员确认工作负责人布置的工作任务、人员分工、安全措施和注意事项并签名：

_____

_____

_____

9. _____年___月___日___时___分工作负责人下令开始工作。

10. 工作票延期：有效期延长到_____年___月___日___时___分。

工作负责人签名：_____年___月___日___时___分

工作许可人签名：_____年___月___日___时___分

11. 工作总结：

11.1 工作班人员已全部撤离现场，工具、材料已清理完毕，杆塔、设备上已无遗留物。

11.2 工作总结报告：

终结的线路、设备	报告方式	工作许可人	工作负责人签名	终结报告时间
				年　月　日　时　分
				年　月　日　时　分

12. 备注：

_____

_____

5.4 操作票的填用与执行管控

操作票就是运行人员将设备由一种状态转换到另一种状态的书面操作依据。将设备由一种状态转变为另一种状态的过程称为倒闸，所进行的操作称为倒闸操作。在全部停电或部分停电的电气设备上工作，必须遵守操作票制度。禁止无票作业。按照 Q/GDW 10799.8—2023《国家电网有限公司电力安全工作规程 第 8 部分：配电部分》7.2.5.1 的规定：高压电气设备倒闸操作一般应由操作人员填用《配电倒闸操作票》。《配电倒闸操作票》中的操作步骤具体体现了设备转换过程中合理的先后操作顺序和需要注意的安全事项，认真执行操作票制度是实施倒闸操作的基本安全要求，是防止运行人员误操作事故的重要措施。倒闸操作必须执行操作票制和工作监护制。操作过程必须由两人进行，一人监护一人操作，操作中坚持复诵制。

依据 Q/GDW 10799.8—2023《国家电网有限公司电力安全工作规程　第8 部分：配电部分》附录 J 的规定，10kV 配网不停电作业用《配电倒闸操作票》格式如下所示。

配电倒闸操作票

单位：　　　　　　　　　　　　　　　　　编号：

发令人：	受令人：	发令时间：　年　月　日　时　分	
操作开始时间：　年　月　日　时　分		操作结束时间：　年　月　日　时　分	
操作任务：			
顺序	操作项目		√
备注：			
操作人：		监护人：	

参 考 文 献

［1］河南启功建设有限公司. 配网不停电作业技术应用与装备配置. 北京：中国电力出版社，2023.

［2］河南宏驰电力技术有限公司. 配网不停电作业项目指导与风险管控. 北京：中国电力出版社，2023.

［3］陈德俊. 配电网不停电作业技术与应用. 北京：中国电力出版社，2022.

［4］陈德俊，胡建勋. 图解配网不停电作业. 北京：中国电力出版社，2022.

［5］国家电网公司运维检修部. 10kV 配网不停电作业规范. 北京：中国电力出版社，2016.

［6］国家电网公司. 国家电网公司配电网工程典型设计 10kV 架空线路分册. 北京：中国电力出版社，2016.

［7］国家电网公司. 国家电网公司配电网工程典型设计 10kV 配电变台分册. 北京：中国电力出版社，2016.